JN194148

改訂版

化学物質管理者の
実務必携

労働衛生コンサルタント（労働衛生工学）
後藤　博俊　著

はじめに

従来の労働安全衛生法に基づく化学物質管理は、化学物質ごとの個別具体的な法令（有機溶剤中毒予防規則、特定化学物質障害予防規則等）により規制が行われてきましたが、令和４年５月31日に同法に基づく厚生労働省令の改正が公布され、化学物質の労働者のばく露防止対策の考え方が大きく変えられました。この改正により、国はばく露濃度等の管理基準を定めるとともに危険性・有害性に関する情報の伝達の仕組みを整備・拡充することにより、事業者はその情報に基づいてリスクアセスメントを行い、ばく露防止のために講ずべき措置を自ら選択して実行する「化学物質の自律的な管理」へと大きく考え方の舵が切られたことになります。

事業場において、その化学物質の自律的な管理の担い手となる「化学物質管理者」の制度も新設されました。「化学物質管理者」の名称は、従来から「化学物質等による危険性又は有害性等の調査等に関する指針」の中で同指針による化学物質のリスクアセスメントを的確に実施するための体制の一員として規定されていましたが、今般の法令改正により法令上の管理者として位置づけられ、その職務も法令により、

① ラベル表示および安全データシート（SDS）交付に関すること
② リスクアセスメントの実施に関すること
③ ばく露防止措置の内容および実施に関すること
④ 労働災害が発生した場合の対応
⑤ リスクアセスメント結果等の記録の作成および保存ならびに労働者への周知
⑥ 労働者のばく露状況、労働者の作業の記録および労働者の意見聴取に関する記録・保存ならびに労働者への周知に関すること
⑦ 労働者への教育に関すること

と規定されています。

リスクアセスメントの対象物を製造する事業場に選任される「化学物質管理者」は、法定の講習を修了することが求められていますが、それ以外の事業場に選任される「化学物質管理者」には法令上の要件は課せられていないものの、その職務は前述のとおり法令により決められた事項を確実に実施することが求められています。

その「化学物質管理者」向けのテキストについては、厚生労働省の「職場のあんぜんサイト」で公表されている「化学物質管理者講習テキスト」のほか、いくつかの書物が出版されています。それらの書物はおもに製造事業場の化学物質管理者向けのようで、厚生労働省のテキストは約180頁、その他の書物も約330～620頁と膨大なものです。

そこで本書はリスクアセスメントの対象物の製造事業場以外の事業場に選任される「化学物質管理者」に向けて、その職務を遂行するのに当たってまず、必要となる事項を簡潔に解説することを目的に編集いたしました。

令和４年５月31日に公布された化学物質の自律的管理を目指すとされる厚生労働省令の改正は、令和６年４月１日から化学物質管理者や保護具着用管理責任者の選任、皮膚等障害化学物質等に対する不浸透性の保護手袋等の使用の義務、濃度基準設定物質に関わる措置等、同改正省令に定められた規定のすべてが施行されました。また、本書に掲載している化学物質のリスクアセスメントの簡易なツールとして厚生労働省から公表され、広く利用されているCREATE-SIMPLEは、令和６年２月に大幅なバージョンアップ（Ver.２→Ver.３）が行われました。

これを機会に旧版の内容を見直すこととして、特にCREATE-SIMPLEはバージョンアップされたVer.３に書き改めるとともに本年４月から施行された皮膚等障害化学物質等に係る部分の見直しを行いました。

本書の第１章第３項に、「化学物質管理者の職務の概要」を述べ、詳しくは第２章以下に説明していますので、まず、第１章の第３項を見ていただき、化学物質管理者の職務の概要を理解していただいた上で第２章以下に進んでいただくと理解しやすいと思います。

本書が化学物質管理者の間で幅広く利用され、労働安全衛生法に新たに取り入れられた化学物質の自律的管理の規定のスムーズな導入のお役に立てば望外の喜びです。

令和６年８月

後藤博俊

「改訂版　化学物質管理者の実務必携」 目次

第1章　化学物質管理者に関わる制度の概要

1．化学物質の自律的管理とは …… 2
2．化学物質管理者とは …… 3
3．化学物質管理者の職務の概要 …… 4
4．化学物質管理者の選任およびその資格要件 …… 10
5．化学物質管理者の安全衛生管理組織での位置づけは …… 15

第2章　ラベル表示・安全データシート（SDS）

1．ラベル表示 …… 19
2．GHSラベル …… 20
3．SDSによる危険性・有害性の通知 …… 24
4．ラベルでアクション …… 26

第3章　化学物質のリスクアセスメント

1．リスクアセスメントの実施対象となる事業場 …… 32
2．リスクアセスメントの実施義務の対象物質 …… 33
3．リスクアセスメントの実施の時期 …… 35
4．リスクアセスメントの実施体制 …… 36
5．リスクアセスメントの実施の流れ …… 38
6．危険性または有害性の特定 …… 40
7．リスクの見積もり …… 41
8．リスク低減措置の検討 …… 45

【コラム】 CREATE-SIMPLE（クリエイト シンプル）によるリスクアセスメント …… 46

第4章　リスク低減措置（基本）

1．濃度基準値の考え方 …… 66
2．化学物質の有害性に関わるリスク低減対策の検討の基本 …… 69
3．化学物質の有害性に関わる労働者がばく露する程度が濃度基準値または ばく露限界値以下かの確認 …… 73
4．爆発・火災の危険性に対するリスク低減対策の検討 …… 76
5．リスク低減対策を検討する場合の留意点 …… 78

第5章　リスク低減措置（実用）

1．化学物質の危険性に対するリスク低減措置 …… 81

2．化学物質の健康有害性に対するリスク低減措置 …… 85

第6章　個人用保護具

1．保護具使用の原則 …… 98
2．呼吸用保護具 …… 100
3．化学防護手袋 …… 109
4．保護めがね等 …… 113
5．その他 …… 114

第7章　労働災害が発生した場合の措置

1．化学物質の危険性による火災・爆発災害 …… 117
2．化学物質の有害性による健康障害 …… 118

第8章　記録の作成・周知・保存

1．作成すべき記録について …… 123
2．保存すべき記録と保存期間 …… 126
3．リスクアセスメント結果の労働者への周知 …… 128

第9章　安全衛生教育

1．災害発生の仕組み …… 131
2．化学物質管理における安全衛生教育の重点 …… 132
3．化学物質管理者の職務としての安全衛生教育 …… 134

【参考】　化学物質の自律的管理に関する法令のあらまし …… 135

【付属データ】

- チェックリスト1（新たな化学規制に関するチェックリスト）
- チェックリスト2（化学物質を取り扱う時に　こんなことしていませんか？）
- チェックリスト2-2（化学物質を取り扱う時に　こんなことしていませんか？）
- 労働安全衛生法令（化学物質による健康障害を防止するための措置）

付属データのダウンロード方法

下記のURLにアクセスすることでデータをダウンロードできます。

URL https://www.chosakai.ne.jp/data/302013/kagakujitsumu.zip

【ご注意】

- 本付属データは、書籍購入者の皆さまの理解を深めるためお役に立てばと思い用意しておりますが、皆さまの責任のもとでご活用ください。
- この付属データをご利用されるうえで生じたいかなる損害に対しても、株式会社労働調査会はその責任を負いかねます。あらかじめご了承ください。

第１章

化学物質管理者に関わる制度の概要

1 化学物質の自律的管理とは

従来のわが国の労働安全衛生法（以下「安衛法」という）による化学物質の規制は、有機溶剤、特定化学物質等、個々の物質名を挙げて、それぞれ有機溶剤中毒予防規則（以下「有機則」という）、特定化学物質障害予防規則（以下「特化則」という）等の特別規則といわれる厚生労働省令により取るべき処置が個別具体的に決められていた。

ところが、わが国の化学物質による労働災害発生状況をみると休業４日以上の労働災害のうち、特別規則による規制の対象となっている化学物質以外の物質によるものが約80％を占めている現状にある。その背景には、法令による規制対象物質の使用をやめて、規制の対象とならない物質の危険性・有害性を十分確認・評価せずに使用し、その結果十分な対策が取られなくて重篤な労働災害が発生していること等が指摘されている。

そのような教訓のもとに厚生労働省では「職場における化学物質等の管理のあり方に関する検討会」を設け、検討の結果、令和３年７月19日に同検討会から報告書（通称「あり方検討会報告書」）が出された。

「化学物質の自律的管理」とは、あり方検討会報告書の中に盛り込まれている基本的な考え方で、労働災害発生のおそれのあるより多くの化学物質をカバーするため、国は基準を設定し、事業者はその基準内で化学物質を取り扱う義務を負うものの、その対応方法は事業者に任せられるというものである。そのため、事業者は化学物質の危険性・有害性（ハザード）を正しく理解し、リスクアセスメントを行い、情報伝達を強化し、各種記録を管理する必要がある。また、労働者に対しても、化学物質のハザードとリスクを正しく認識し、正しい作業方法と保護具の使用を遵守することが求められる。

令和４年５月31日に公布された「労働安全衛生規則等の一部を改正する省令」（令和４年　厚生労働省令第91号。以下「改正省令」）は、あり方検討会報告書に盛られた「化学物質の自律的管理」に向けた法令改正の第一歩といえる。

② 化学物質管理者とは

「化学物質管理者」とは、労働安全衛生規則（以下「安衛則」）第12条の５第１項の規定に基づいて安衛法第57条の３に掲げるリスクアセスメントの対象となる物質を製造し、または取り扱う事業場ごとに選任され、当該事業場における化学物質の管理に係る技術的事項を管理する者である。

従来、「化学物質管理者」の名称は、安衛法第57条の３第３項の規定に基づき事業者が同条第１項の化学物質のリスクアセスメントの適切かつ有効な実施が図られるよう厚生労働大臣が公表した「化学物質等による危険性又は有害性等の調査等に関する指針」（平成27年９月18日　危険性又は有害性等の調査等に関する指針公示第３号。改正：令和５年４月27日　指針公示第４号。以下「リスクアセスメント指針」という）に規定されていた。

従来のリスクアセスメント指針での「化学物質管理者」の任務は、安衛法第57条の３第１項に掲げる化学物質のリスクアセスメントが適正に行われることを管理することであったが、今般の改正省令により法令上の管理者と位置付けられ、その職務も法令上規定された。

3 化学物質管理者の職務の概要

②で述べたとおり、化学物質管理者の職務は、事業場における化学物質の管理に係る技術的事項を管理することである。

その職務は、大きく分けると次の2つになる。

❶ **自社の労働者の安全衛生確保に関する事項**

❷ **自社が安衛法第57条のラベル表示および第57条の２の通知対象物の譲渡・提供者の場合には、対象となる製品の譲渡・提供先への危険性・有害性の情報伝達に関する事項**

まず、本書を利用していただく方の多くは、化学物質を製造している事業場以外の化学物質管理者と考えられるので、❶の自社の労働者の安全衛生確保に関する職務について、化学物質管理者として知っておかなければならない基本的内容を述べることとする。

なお、本章ではその概要を紹介し、次章以降において逐次解説を行うこととする。

（1）ラベル表示および安全データシート（SDS）による通知に関すること

化学物質管理者の職務が定められた安衛則第12条の５第１項第１号には「法第57条第１項の規定による表示、同条第２項の規定による文書及び法第57条の２第１項の規定による通知に関すること」と規定されている。要するに「ラベル表示」、「安全データシート」（以下「SDS」という）による通知に関することであるが、リスクアセスメント対象物の製造事業場以外の事業場の化学物質管理者は、化学物質のメーカーまたは流通業者から譲渡・提供される化学品に貼付されているラベル表示および譲渡・提供時に交付されるSDSを保管し、リスクアセスメントの実施その他必要な事項が的確に行われるように管理することになる。そのためには、ラベル表示およびSDSに関する最低限の知識が必要となる。

なお、化学物質の製造事業場以外でも流通業者の事業場に選任される化学物質管理者の中には、前記❷の職務も課せられるが、GHS分類の知識・経験が乏しいこともあるだろう。その際は、事業場の内部に当該分野に知識・経験の豊富な技術者がいればその人、または外部の専門業者に委託する等により実施することでも良いが、

GHS分類の結果が正しく、それに従ったラベル表示およびSDSの内容に間違いがないかどうかということは、化学品を譲渡・提供する事業場の化学物質管理者として責任をもって判断する必要がある。

第2章

（2）リスクアセスメントの実施に関すること

安衛法第57条の3第1項の規定に基づき化学物質のリスクアセスメントを実施しなければならない義務は事業者にあるが、化学物質管理者は、そのリスクアセスメントの推進および実施状況を管理することになる。

具体的には、リスクアセスメントを実施すべき対象（物質）の確認、当該物質を取り扱う作業場の状況の確認（取扱量、従事者数、作業方法、作業場の状況等）、リスクアセスメントの手法（一般的には「リスクアセスメント指針」に従って実施することになるが、厚生労働省の「職場のあんぜんサイト」に載っている支援ツールのどの手法によるか等の検討）の決定および評価、労働者へのリスクアセスメントの実施およびその結果の周知等を行う。

第3章

（3）リスクアセスメント結果に基づくばく露防止措置の内容および実施に関すること

安衛則第577条の2第1項により、事業者は労働者がリスクアセスメント対象物にばく露される程度を最小限度にしなければならない。

また、安衛則第577条の2第2項では、事業者は、リスクアセスメント対象物のうち「濃度基準値」の定められた物質（令和5年厚生労働省告示第177号、改正 令和6年厚生労働省告示第196号）を製造し、または取り扱う業務を行う屋内作業場においては、当該業務に従事する労働者がこれらの物にばく露される程度を、当該基準値以下としなければならない。

第4章
第5章

その際、一般的にはリスクアセスメント結果に基づきばく露防止措置を実施することになる。

化学物質管理者は、ばく露防止措置（代替物の使用、装置等の密閉化、局所排気装置または全体換気装置の設置、作業方法の改善、保護具の使用等）の選択および実施について管理する。

これは労働者の個人ばく露濃度に関する事項であり、リスクアセスメント指針に定められたリスク低減措置の順序に従って対策を検討することになるが、工学的な対策等が直ちに取れない場合には、個人用保護具の着用が必要になる。

(4) リスクアセスメント対象物を原因とする労働災害が発生した場合の対応

リスクアセスメント対象物を原因とする労働災害は、あってはならないことであるし、また、そんなに発生するものではないだろう。しかし、全くないとも言えない。

化学物質管理者は、もしもリスクアセスメント対象物を原因とする労働災害が発生したときには、それに適切に対応しなければならない。

そこで、実際に労働災害が発生した場合を想定した応急措置等の訓練の内容および計画を定めることが必要となる。また、労働災害が発生した場合または発生が懸念される場合（死傷病者の発生、有害物質への高濃度ばく露あるいは汚染等）の対応（避難経路の確保、救急措置および担当者の手配、危険有害物の除去および除染作業、連絡網の整備、搬送先病院との連携、労働基準監督署長による指示が出された場合等）をマニュアル化し、化学物質管理者および他の担当者の職務分担を明確にする。また、マニュアル化した内容について、適切に訓練を行うことが望ましい。

(5) リスクアセスメント結果等の記録の作成および保存ならびに労働者への周知

安衛則第34条の２の８第１項では、事業者の義務として、安衛法第57条の３第１項に基づきリスクアセスメントを行ったときは、次に掲げる事項について記録を作成し、次にリスクアセスメントを行うまでの期間（リスクアセスメントを行った日から起算して３年以内に、当該リスクアセスメント対象物についてリスクアセスメントを行ったときは３年間）保存するとともに、当該事項を、リスクアセスメント対象物を製造し、または取り扱う業務に従事する労働者に周知させなければならない旨定められている。事業場における化学物質の管理に係る技術的事項を管理することが任務の化学物質管理者は、労働者に周知内容と、その方法（同条第２項）

を以下の通りにしなければならない。

リスクアセスメント対象物を製造・取扱う労働者への周知事項

① 対象のリスクアセスメント対象物の名称
② 対象業務の内容
③ 当該リスクアセスメントの結果（特定した危険または有害性・見積もったリスク等）
④ 当該リスクアセスメントの結果に基づくリスク低減措置の内容

労働者への周知の方法

① 当該リスクアセスメント対象物を製造し、または取り扱う各作業場の見やすい場所に常時掲示し、または備え付けること
② 書面を、当該リスクアセスメント対象物を製造し、または取り扱う業務に従事する労働者に交付すること
③ 磁気ディスク、光ディスクその他の記録媒体に記録し、かつ、当該リスクアセスメント対象物を製造し、または取り扱う各作業場に、当該リスクアセスメント対象物を製造し、または取り扱う業務に従事する労働者が当該記録の内容を常時確認できる機器を設置すること

なお、化学物質管理者が行う記録・保存のための記録については、厚生労働省の公表している「化学物質管理者が行う記録・保存のための様式（例）」が載っているので参考になる（本書第８章の表8-2でも紹介）。

第8章

（6）リスクアセスメントの結果に基づくばく露防止措置が適切に施されていることの確認、労働者のばく露状況、労働者の作業の記録、ばく露防止措置に関する労働者の意見聴取に関する記録・保存ならびに労働者への周知に関すること

安衛則第577条の２第11項には、事業者の義務として、次の事項（③については、がん原性物質を製造し、または取り扱う業務に従事する労働者に限る）について、１年を超えない期間ごとに１回、定期に、記録を作成し、当該記録を３年間（②は

リスクアセスメント対象物ががん原性物質である場合は30年間および③については30年間）保存するとともに、①および④の事項について、リスクアセスメント対象物を製造し、または取り扱う業務に従事する労働者に周知させなければならない旨定められている。

また、事業場における化学物質の管理に係る技術的事項を管理することが任務である化学物質管理者は、以下の事項を定期的に記録・保存しなければならない。

定期的に記録・保存するべき事項

①　労働者のばく露防止のために講じた措置の状況

②　リスクアセスメント対象物を製造し、または取り扱う業務に従事する労働者のリスクアセスメント対象物のばく露の状況

③　労働者の氏名、従事した作業の概要および当該作業に従事した期間ならびにがん原性物質により著しく汚染される事態が生じたときはその概要および事業者が講じた応急の措置の概要

④　①の措置についての関係労働者の意見の聴取状況

第8章

なお、安衛則第577条の２第３項では「事業者は、リスクアセスメント対象物を製造し、又は取り扱う業務に常時従事する労働者に対し、安衛法第66条の規定による健康診断のほか、リスクアセスメント対象物に係るリスクアセスメントの結果に基づき、関係労働者の意見を聴き、必要があると認めるときは、医師又は歯科医師が必要と認める項目について、医師又は歯科医師による健康診断を行わなければならない」と規定されている。この健康診断の実施を決める際の化学物質管理者の関与は法令上、明確にされてはいないが、事業場における化学物質管理の責任者として、当然、中心的な立場で関与することが必要となろう。

（7）労働者への教育に関すること

上記**(1)**～**(3)**の事項を管理するにあたっての労働者に対する必要な教育（雇入れ時教育を含む）の実施における計画の策定や教育効果の確認等を管理する。

第9章

なお、自社が安衛法第57条の２の通知対象物の譲渡・提供者である場合の化学物質管理者は、前記**(1)**～**(7)**のほか、当該製品の譲渡・提供先への危険性・有害性の情報伝達に関する事項として、ラベル表示およびSDSの交付に関すること、すなわち、安衛法第57条の２第１項の規定に基づき、事業者はリスクアセスメント対象物を含む製品をGHSに従って分類し、ラベル表示およびSDSの交付をしなければならないが、事業者に選任された化学物質管理者はその作業を管理（ラベル表示およびSDSの内容の適切性の確認等）する。

また、自社が安衛法第57条の２の通知対象物の譲渡・提供者である場合の化学物質管理者は、前記**(6)**の労働者への教育に当たっては、ラベル表示およびSDSに関することも含まれる。

化学物質管理者の職務を遂行するに当たって最低限知っておく必要がある事項は、**第２章**以下に述べる。

4 化学物質管理者の選任およびその資格要件

（1）化学物質管理者の選任

安衛則第12条の５第１項では、安衛法第57条の３第１項によりリスクアセスメントを実施しなければならないものを**「リスクアセスメント対象物」**と定義し、同条第３項により、**リスクアセスメント対象物を製造または取り扱う事業場の事業者は、事業場ごとに「化学物質管理者」を次により選任しなければならない**旨、規定されている。

❶ 化学物質管理者を選任しなければならない事由が発生した日から14日以内に選任する

❷ リスクアセスメント対象物を製造している事業場は、原則として令和４年厚生労働省告示第276号に定められたカリキュラムの12時間の講習を修了した者のうちから選任する

❸ リスクアセスメント対象物を製造している事業場以外の事業場は、法令上の資格要件は定められていないが、厚生労働省は、令和４年９月７日付け基発0907第１号の別表に定められた「リスクアセスメント対象物の製造事業場以外の事業場における化学物質管理者講習に準ずる講習」を修了した者をあてることを推奨している

表1-1 リスクアセスメント対象物製造事業場の化学物質管理者の講習科目
（令和４年　厚生労働省告示第276号）

	科目	範囲	時間
講義	化学物質の危険性および有害性ならびに表示等（注１）	化学物質の危険性および有害性 化学物質による健康障害の病理および症状 化学物質の危険性または有害性等の表示、文書および通知	２時間30分
	化学物質の危険性または有害性等の調査（注２・注３）	化学物質の危険性または有害性等の調査の時期および方法ならびにその結果の記録	３時間

講義	化学物質の危険性または有害性等の調査の結果に基づく措置等その他の必要な記録等（注3）	化学物質のばく露の濃度の基準 化学物質の濃度の測定方法 化学物質の危険性または有害性等の調査の結果に基づく危険または健康障害を防止するための措置等および当該措置等の記録 がん原性物質等の製造等業務従事者の記録 保護具の種類、性能、使用方法および管理 労働者に対する化学物質管理に必要な教育の方法	２時間30分
	化学物質を原因とする災害の発生時の対応	災害発生時の措置	30分
	関係法令	労働安全衛生法（昭和47年法律第57号）、労働安全衛生法施行令（昭和47年政令第318号）および労働安全衛生規則（昭和47年労働省令第32号）中の関係条項	１時間
実習	化学物質の危険性または有害性等の調査およびその結果に基づく措置等	化学物質の危険性または有害性等の調査およびその結果に基づく労働者の危険または健康障害を防止するための措置ならびに当該調査の結果および措置の記録 保護具の選択および使用	３時間

注１　有機溶剤作業主任者技能講習、鉛作業主任者技能講習、特定化学物質及び四アルキル鉛等作業主任者技能講習をすべて修了した者は、この科目の受講が免除される。
注２　第一種衛生管理者の免許を有する者は、この科目の受講が免除される。
注３　衛生工学衛生管理者の免許を有する者は、これらの２科目の受講が免除される。

表1-2　化学物質管理者講習に準じた講習（リスクアセスメント対象物製造事業場以外の事業場）

科目	範囲	時間
化学物質の危険性および有害性ならびに表示等	化学物質の危険性および有害性 化学物質による健康障害の病理および症状 化学物質の危険性または有害性等の表示、文書および通知	１時間30分
化学物質の危険性または有害性等の調査	化学物質の危険性または有害性等の調査の時期および方法ならびにその結果の記録	２時間
化学物質の危険性または有害性等の調査の結果に基づく措置等その他の必要な記録等	化学物質のばく露の濃度の基準 化学物質の濃度の測定方法 化学物質の危険性または有害性等の調査の結果に基づく危険または健康障害を防止するための措置等および当該措置等の記録 がん原性物質等の製造等業務従事者の記録 保護具の種類、性能、使用方法および管理 労働者に対する化学物質管理に必要な教育の方法	１時間30分

化学物質を原因とする災害の発生時の対応	災害発生時の措置	30分
関係法令	労働安全衛生法（昭和47年法律第57号）、労働安全衛生法施行令（昭和47年政令第318号）および労働安全衛生規則（昭和47年労働省令第32号）中の関係条項	30分

また、安衛法第57条の３第４項では、事業者は化学物質管理者が法令に定められた職務（前記「③」の事項）をなし得る権限を与えなければならないこと、および同条第５項では、化学物質管理者を選任したときは、当該化学物質管理者の氏名を事業場の見やすい箇所に掲示すること等により関係労働者に周知しなければならないこととされている。

(2) 化学物質管理者の選任に当たっての留意事項

❶ 誰を選任するか

化学物質管理者の選任に当たっては、当該管理者が実施すべき業務をなし得る権限を付与する必要があり、事業場において相応するそれらの権限を有する役職に就いている者を選任することが望ましい。

また、化学物質管理者の職務を適切に行える範囲であれば、その他の職務と兼務することは差し支えないが、化学物質管理者が実施すべき業務に必要な権限を付与する必要があることから、原則として事業場内の労働者から選任する。

❷ ラベル・SDSのみ作成している事業場

リスクアセスメント対象物の製造または取り扱いを行っていない場合でも、リスクアセスメント対象物の譲渡または提供を行っている事業場や、リスクアセスメント対象物を製造する事業場とは別の事業場でラベル・SDSを作成している場合は、当該ラベル・SDSの作成を行う事業場においても化学物質管理者の選任が必要となる。

❸ 譲渡・提供のみ行っている事業場

リスクアセスメント対象物を直接取り扱っていなくても、リスクアセスメント対象物の譲渡・提供を行っている事業場では化学物質管理者の選任が必要となる。

ただし、リスクアセスメント対象物を販売している営業所等（いわゆる営業窓口のみ）で、実態として化学物質管理を行っていない事業場は、リスクアセスメント対象物を取り扱う事業場には該当しない（化学物質管理者の選任を要しない）。

また、例えば、本社にてラベル・SDSの作成等をまとめて行っており、支社等においてラベル・SDSの作成等を行っていない場合は、支社等において化学物質管理者の職務を行うことができないため、支社等で化学物質管理者の選任は不要である。だが、本社において選任した化学物質管理者が、支社等も含めた化学物質の管理を行う必要がある。

④ 混合や組成変更等を行う事業場

譲渡または提供を目的として、混合や精製等、化学品の組成の変更を伴う作業を行う事業場は「リスクアセスメント対象物の製造事業場」に該当する。一方、リスクアセスメント対象物を事業場内で混合・調合して（化学変化を伴うものを含む）そのまま消費する場合は、物を製造して出荷しているわけではないので、「リスクアセスメント対象物の製造事業場」には該当しないとされる。したがって、化学物質管理者の選任に当たっては、前者の場合は「製造事業場の化学物質管理者」となり、表1-1の専門的講習の受講が必要になる。また、後者の場合は「製造事業場以外の化学物質管理者」となり、法令上の資格要件は定められていないが厚労省からは表1-2に準じた講習の受講が推奨されている。

なお、小分け・破砕は「取扱い」に該当し、上記のいずれの事業場でも「製造事業場以外の化学物質管理者」を選任することになる。

⑤ 営業窓口のみの事業場

化学物質管理者の選任が必要な「リスクアセスメント対象物の譲渡・提供を行う事業場（製造又は取り扱う事業場を除く）」とは、製造・取扱いは行わないが、ラベル・SDSの作成やその管理等を行っている事業場のことを指す。「支店・営業所」等の名称で判断するものではなく、実態による判断となるが、いわゆる営業窓口のみで実態として化学物質管理を行っていない事業場については、選任義務はない。

（3）化学物質管理者の選任義務の例外

化学物質管理者は、リスクアセスメント対象物を製造し、または取り扱う事業場ごとに選任しなければならないこととなるが、「リスクアセスメント対象物」には、主として一般消費者の生活の用に供される製品は除かれる。

その「一般消費者の生活の用に供される製品」とは、安衛法第57条のラベル表示の対象および同法第57条の２の通知対象物からの除外を定めた法令上の用語であって、次の物が該当することとされている。したがって、それらの物のみを取扱う事業者は、化学物質管理者を選任する必要はない。

なお、「一般消費者の生活の用に供される製品」が安衛法第57条及び第57条の２に規定の適用が除外されるというのは、当該物を譲渡・提供する際であって、当該物を製造する事業場内においてリスクアセスメント対象物を製造又は取り扱う場合は化学物質管理者の選任が必要となる。

化学物質管理者の選任義務に該当しない製品

- **医薬品、医薬部外品、化粧品**

  「医薬品、医療機器等の品質、有効性及び安全性の確保等に関する法律」（昭和35年法律第145号）に定められている医薬品、医薬部外品、化粧品。

- **農薬**

  「農薬取締法」（昭和23年法律第82号）に定められている農薬。

- **工具、部品等いわゆる成形品**

  労働者による取扱いの過程において個体以外の状態にならず、かつ、粉状または粒状にならない製品。

- **密閉された製品**

  表示対象物が密閉された状態で取り扱われる製品（電池等）。

- **一部の食品**

  一般消費者のもとに提供される段階の食品。労働者がリスクアセスメント対象物にばく露するおそれのある作業が予定されているものを除く。

- **家庭用品**

  「家庭用品品質表示法」に基づく表示がなされている製品（※）。

- **私的な使用を目的とした製品**

  一般消費者が家庭等において私的に使用することを目的に製造または輸入された製品（※）。

※　ただし、いわゆる業務用洗剤等の業務に使用することが想定されている製品は、一般消費者も入手可能な方法で譲渡・提供されているものであっても適応対象外とはならない

5 化学物質管理者の安全衛生管理組織での位置づけは

厚生労働省がホームページで公表している「化学物質管理者講習テキスト」（以下「厚労省テキスト」という）では、化学物質管理者の安全衛生管理組織での位置づけとして、図1-1のような体制を例示している。

あり方検討会報告書では、化学物質の管理において重要な危険性・有害性情報の情報共有やリスクアセスメントが十分に行われていない理由として専門家の不在および不足を指摘している。また、現在、作業環境測定士、衛生管理者、職長、労働衛生コンサルタント、産業医等、化学物質管理に係る専門家がすでに制度化されているが、化学物質管理に特化した専門家を育成すべきであるとしている。

一方、事業場においては、労働者との化学物質の危険性・有害性に関する情報共有を基盤として、リスクアセスメントを促進するシステムが必要であるとして、これを担当する化学物質管理者の選任義務が決定されたものである。

図1-1 化学物質管理における事業場内の体制（例）

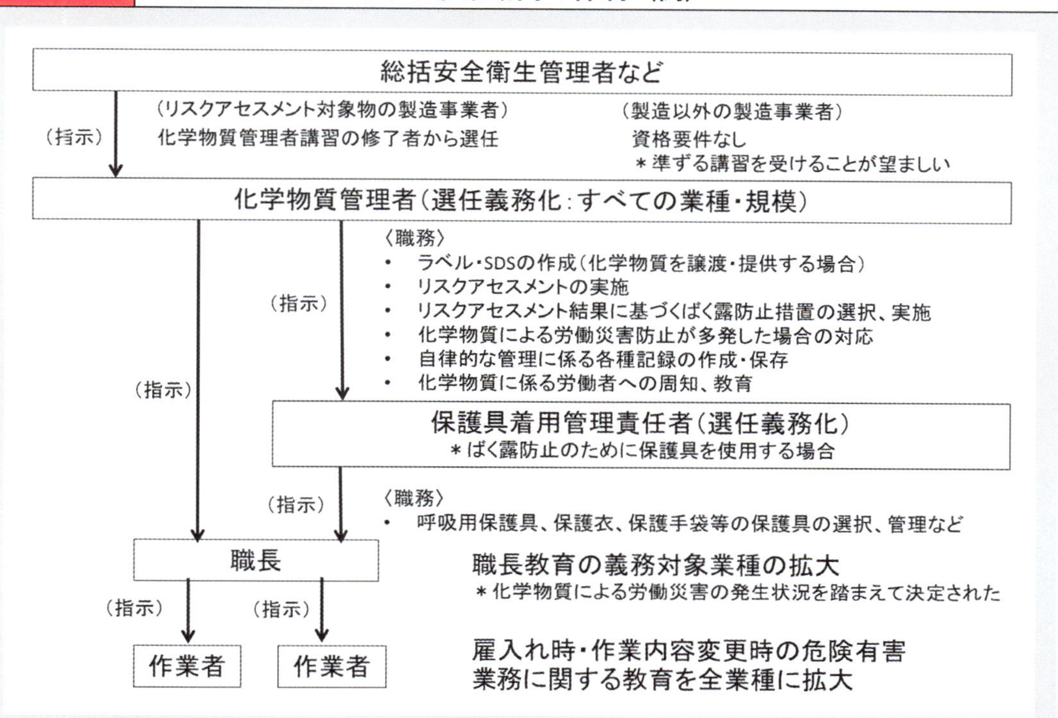

また、労働者のばく露防止措置の方法として、保護具の使用を選択する場合は、呼吸用保護具、保護衣、保護手袋等の保護具の選択および管理（保管、交換等）等を行う責任者として「保護具着用管理責任者」の選任義務が規定された。

厚労省テキストでは、「従来からの安全衛生管理体制と、新しく設けられた化学物質管理者や保護具着用管理責任者が連携を密にして進めるべきである」としている。

第2章

ラベル表示・安全データシート（SDS）

- 化学物質管理の**第一歩**は、取り扱っている化学物質が何であるかを知ること
  - ➡容器・包装に貼付されている**「ラベル」**により確認
- さらに詳しい情報を得るためには
  - ➡**安全データシート（SDS）**を確認

化学物質管理において最も重要なことは、**取り扱っている化学物質が何か、どのような危険性・有害性を有するか**、ということを知り、その危険性・有害性に応じた取り扱いをすることである。安衛法第57条ではラベル表示の規定を、さらに第57条の２では危険性・有害性の通知制度（具体的にはSDSの交付）の規定を設けている。

ラベル表示およびSDSを適正に理解し、化学物質管理を行うことは、安衛則第12条の５第１項に示された化学物質管理者の職務である。なお、ラベル表示義務者およびSDS交付義務者等、リスクアセスメント対象物の製造事業場に選任される化学物質管理者は、適正なラベル表示やSDSの作成が大きな仕事となるが、ここではリスクアセスメント対象物を取り扱う事業場の化学物質管理者を対象として、ラベル表示やSDSの正しい読み方について述べることとする。

1 ラベル表示

安衛法第57条第１項では、安衛法施行令別表第３第１号（特定化学物質の第一類物質＝製造許可物質）、同施行令別表第９および安衛則別表第２に規定されている対象物質の含有量が厚生労働省告示に定められた限度（裾切値）を超える物質※（以下「ラベル表示対象物」という）を譲渡・提供する者は、その容器または包装に一定の事項を表示しなければならないこととされている。

表示すべき事項は次のとおりである（安衛法第57条第１項、安衛則第33条）。

ラベル表示事項

- **名称**
- **人体に及ぼす作用**
- **貯蔵または取扱い上の注意**
- **表示をする者の氏名（法人にあっては、その名称）、住所および電話番号**
- **注意喚起語**
- **安定性および反応性**
- **当該物を取り扱う労働者に注意を喚起するための標章で厚生労働大臣が定めるもの**

なお、容器または包装が小さい等、当該物に表示できないときは、表示事項を記載した書面を譲渡・提供先に交付することになっている（安衛法第57条第２項）。

安衛則第24条の14でもラベル表示が規定されており、こちらはラベル表示対象物以外の危険性または有害性を有する化学物質に対する規定で、上記と同じ項目についてラベル表示することが努力義務となっている。

※　令和７年の４月１日から、ラベル・SDS対象物質に係る規定方法が変更される（**第３章②の(2)参照**）。

2 GHSラベル

安衛法第57条第１項に定めるラベル表示は、通常、GHS（国際連合から勧告として公表された「化学品の分類及び表示に関する世界調和システム」）で定められた内容のラベル（GHSラベル）によって行われている（図2-1参照）。

図2-1 ラベル表示（安衛法第57条）の例

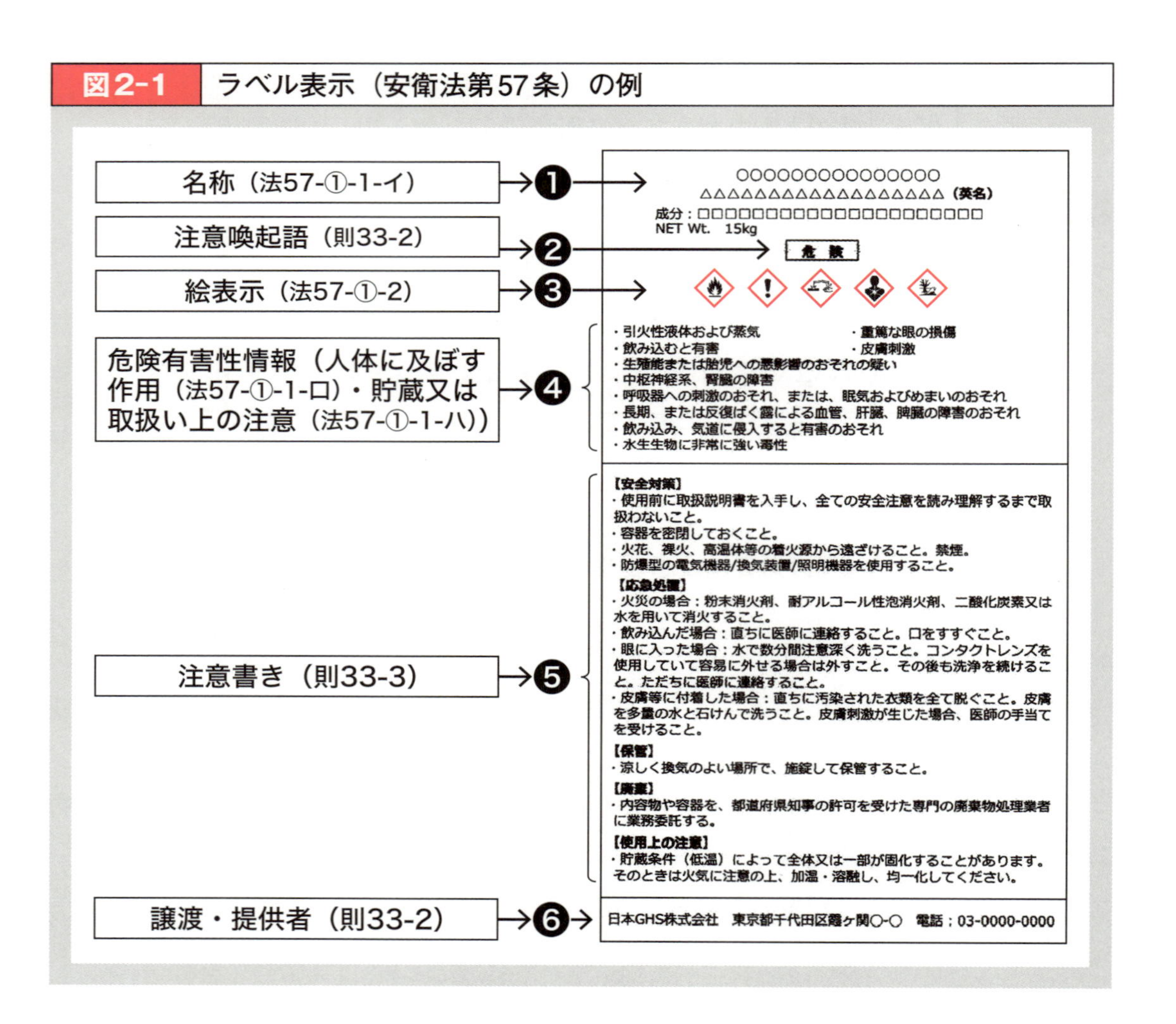

（1）製品の特定名

製品には化学品の特定名が表示されている。成分が営業秘密情報にあたる場合には、その特定名がラベルに表示されていないこともある（法令上、成分および含有量は表示事項ではない）が、これらの成分が示す危険性・有害性情報は記載されている。

（2）注意喚起語

化学品を使用する人へ注意を喚起するための言葉であり、「危険」と「警告」がある。「危険」はより重大な、「警告」は重大性の低い危険性・有害性および区分に用いられる。両方が該当する場合には「危険」のみ記載されている（図2-2参照）。

図2-2　GHS分類の例と注意喚起語

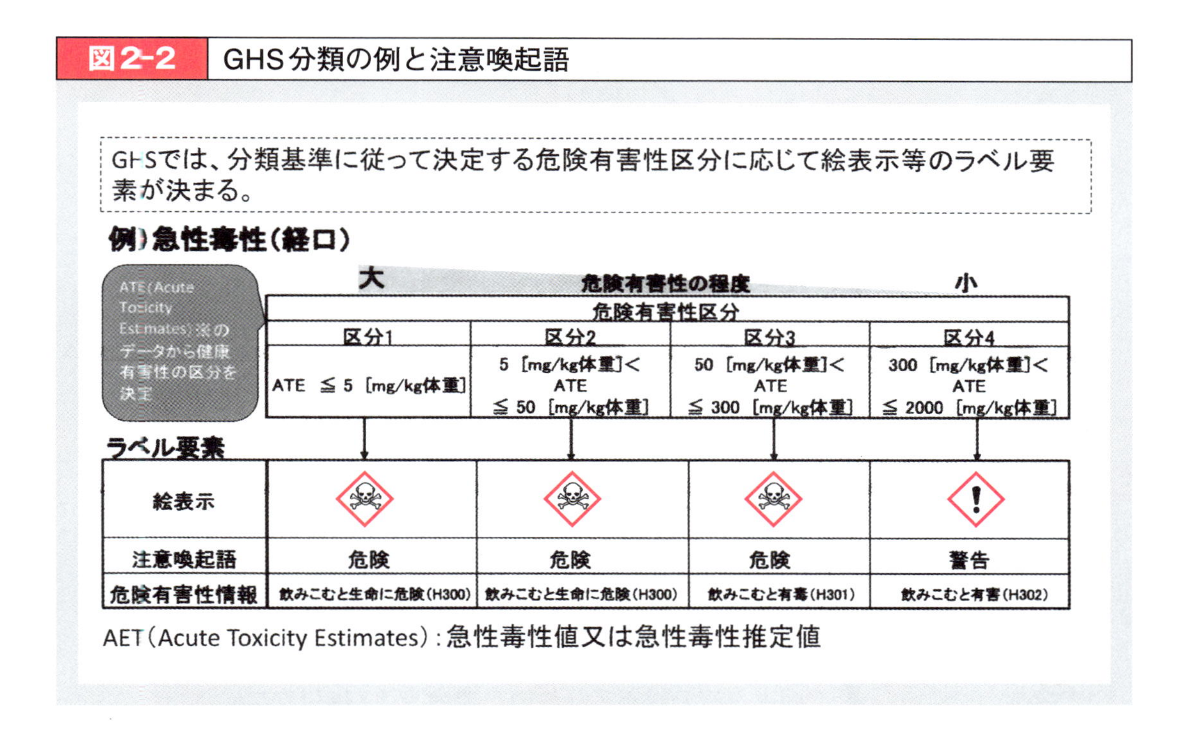

（3）絵表示（ピクトグラム）

絵表示は危険性・有害性の種類とその程度が一目でわかるように工夫されたものであり、危険性・有害性を表すシンボルを赤枠で囲む。それぞれ該当する危険性・有害性の種類および危険有害性情報は図2-3のとおりである。

なお、複数の危険性・有害性を持つ化学物質の場合、複数の絵表示を表示することが原則であるが、健康有害性の表示には、図2-4のような優先順位がある。

図2-3 GHSによる絵表示

【爆弾の爆発】

爆発物(不安定爆発物、等級1.1～1.4)
自己反応性化学品（タイプA、B）
有機過酸化物（タイプA、B）

【炎】

可燃性ガス（区分1）
自然発火性ガス
エアゾール（区分1、区分2）
引火性液体（区分1～3）
可燃性固体
自己反応性化学品（タイプB～F）
自然発火性液体
自然発火性固体
自己発熱性化学品
水反応可燃性化学品
有機過酸化物（タイプB～F）
鈍性化爆発物

【円上の炎】

酸化性ガス
酸化性液体
酸化性固体

【ガスボンベ】

高圧ガス

【腐食性】

金属腐食性化学品
皮膚腐食性（区分1）
眼に対する重篤な損傷性（区分1）

【どくろ】

急性毒性（区分1～区分3）

【感嘆符】

急性毒性（区分4）
皮膚刺激性（区分2）
眼刺激性（区分2/2A）
皮膚感作性
特定標的臓器毒性（単回ばく露）（区分3）
オゾン層への有害性

【健康有害性】

呼吸器感作性
生殖細胞変異原性
発がん性
生殖毒性（区分1、区分2）
特定標的臓器毒性（単回ばく露）（区分1、区分2）
特定標的臓器毒性（反復ばく露）
誤えん有害性

【環境】

水生環境有害性（短期（急性）区分1、長期（慢性）区分1、長期（慢性）区分2）

図2-4 絵表示の優先順位

健康有害性の絵表示には優先順位がある。

>

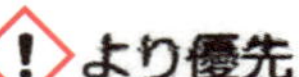

の絵表示は全てのより優先

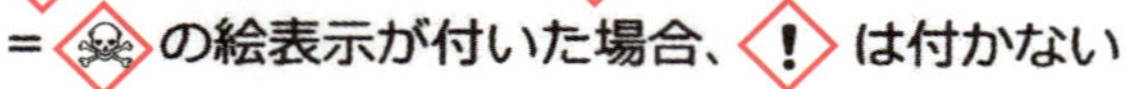

＝の絵表示が付いた場合、は付かない

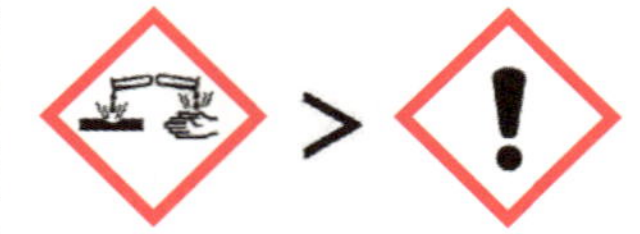

の絵表示はより優先
＝の絵表示が付いた場合、
皮膚・眼刺激性に関する は付かない

>

の絵表示は より優先
＝呼吸器感作性に関する の絵表示が付いた場合、
皮膚感作性と皮膚・眼刺激性に関する は付かない

（4）危険有害性情報

製品の危険性・有害性の種類とその程度を短い文言で表したものである（例：引火性液体区分３：引火性液体および蒸気、急性毒性区分１：飲み込むと生命に危険）。

使用すべき危険有害性情報はGHS文書に危険性・有害性の種類、区分ごとに決められている。すなわち、危険有害性情報を見れば当該物質の危険性・有害性の種類、重大性がわかるようになっている。

（5）注意書き

「注意書き」は、被害を防止するために取るべき対応についての文言をいい、「安全対策」「応急措置」「貯蔵」「廃棄」に分かれている。「注意書き」の文言はGHS文書付属書に危険性・有害性の種類、区分ごとに決められている。

（6）ラベル表示者の名称

安衛法第57条第１項のラベル表示義務者の氏名（ラベル表示義務者が法人の場合は、その名称）、住所、電話番号が表示される。

3 SDSによる危険性・有害性の通知

安衛法第57条の2第1項では、安衛法施行令別表第3第1号（特定化学物質の第一類物質＝製造許可物質）、同施行令別表第9および安衛則別表第2に規定されている対象物質の含有量が厚生労働省告示に定められた限度（裾切値）を超える物質※（以下「通知対象物」という）を譲渡・提供する者は、一定の事項を記載した書面を譲渡・提供先に提供しなければならないこととされている。

ラベル表示対象物と通知対象物は、安衛法施行令別表第3第1号および同施行令別表第9の物質の限りは同じであるが、安衛則別表第2において対象となる裾切値が若干異なるものがある（通知対象物の方が裾切値の低いものがある）。

記載すべき事項は、次のとおりである（安衛法第57条の2第1項、安衛則第34条の2の4）。

書面での記載事項

- 名称
- 成分およびその含有量
- 物理的および化学的性質
- 人体に及ぼす作用
- 貯蔵または取扱い上の注意
- 流出その他の事故が発生した場合において講ずべき応急の措置
- 通知対象物を譲渡・提供する者の氏名（法人の場合は、その名称）、住所および電話番号
- 危険性または有害性の要約
- 安定性および反応性
- 想定される用途および当該用途における使用上の注意
- 適用される法令
- その他参考となる事項

※　令和7年の4月1日から、ラベル・SDS対象物質に係る規定方法が変更される（**第3章②の(2)参照**）。

通常、この通知はGHSに基づいたSDS（実際にはGHSに準拠した日本産業規格（JIS）Z 7253）によって行われる。安衛法および安衛則で定められた記載すべき項目と、GHSに従ったSDSとは異なるが、GHSに基づいたSDSを作成すれば、安衛法第57条の2の規定により通知すべき事項は足りるとされている。

GHSに基づいたSDSには、次の16の項目が記載される（表2-1）。化学物質の危険有害性に関する情報等リスクアセスメントを行う際に必要不可欠な情報が記載されている。

なお、SDSの3の項に成分の含有量は原則重量パーセントで表記されることになっているが、重量パーセントで表記されていない場合は巻末の「化学物質の自律的管理に関する法令のあらまし」の3・4の③（p.140）を参照のこと。

表2-1 SDSの記載事項（太字の項目はリスクアセスメントの実施に特に大切）

1	化学品および会社情報	9	**物理的および化学的性質（引火点、蒸気圧等）**
2	**危険有害性の要約** （**GHS分類**、ラベル要素）	10	**安定性および反応性**
3	**組成および成分情報** （CAS番号、化学名、含有量等）	11	有害性情報
4	応急措置	12	環境影響情報
5	火災時の措置	13	廃棄上の注意
6	漏出時の措置	14	輸送上の注意
7	取扱いおよび保管上の注意	15	適用法令 （安衛法、化管法、消防法、毒劇法等）
8	**ばく露防止および保護措置** （**ばく露限界値**、保護具等）	16	その他の情報

安衛法第57条の2の規定のほかに、安衛則第24条の15でもSDSが規定されており、こちらは通知対象物以外の危険性または有害性を有する化学物質に対する規定で、上記と同じ項目についてSDSの交付をすることが努力義務となっている。

4 ラベルでアクション

厚生労働省では、ラベル表示から当該物質の有害性を知り、災害防止対策につなげるため「ラベルでアクション」というキャンペーンを行っている（図2-5参照）。

図2-5 ラベルでアクション

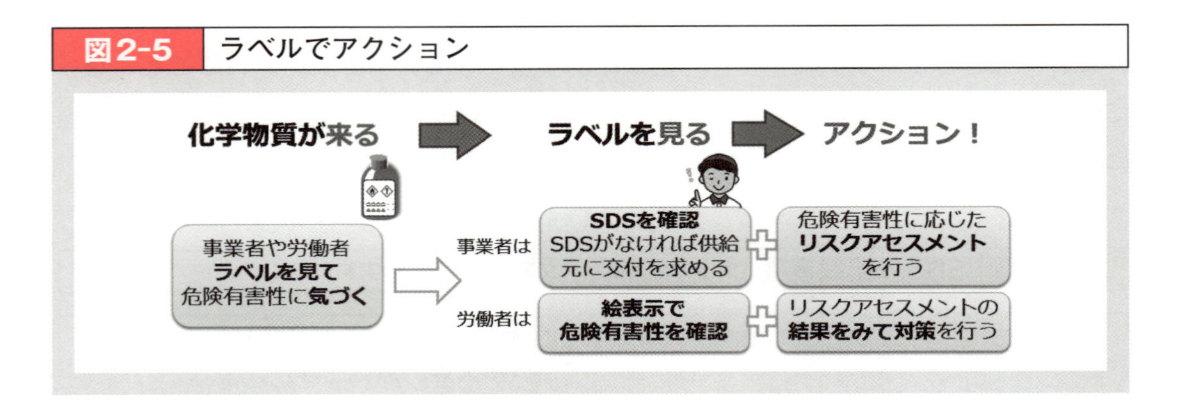

（1）事業者の実施事項

❶ 製品の容器や包装のラベル表示を確認する。絵表示（GHSマーク）から、どんな危険有害性があるかがわかる

❷ ラベルに絵表示があったら、SDS（安全データシート）を確認する。手元にSDSがなければ納入元・メーカーから取り寄せる

❸ SDSで把握した危険性・有害性に応じ、リスクアセスメントを行う

❹ リスクの高さに応じた対策（リスク低減対策）を講ずる。リスクに応じて換気や保護具着用を実行する。リスクアセスメントの結果やリスク低減対策を労働者に周知する

❺ 労働者一人ひとりがラベル表示を理解し、リスクに応じた対策を取れるよう、教育を行う

（2）労働者による対策

❶ 製品の容器や包装のラベル表示で危険性・有害性を確認する

❷ 事業者の行うリスクアセスメントの結果を理解して対策を行う

第3章

化学物質のリスクアセスメント

- 化学物質のリスクアセスメントは、原則として「化学物質等による危険性又は有害性等の調査等に関する指針」（平成27年９月18日　危険性又は有害性等の調査等に関する指針公示第３号、改正：令和５年４月27日　危険性又は有害性等の調査等に関する指針公示第４号※）に従って実施することになるが、リスクアセスメント対象物の取扱い事業場で簡易に行うためには「CREATE-SIMPLE（クリエイト　シンプル）」が便利

※３ページで「リスクアセスメント指針」ということとしたもの

- ただし、CREATE-SIMPLEは、簡易で便利なツールであるが、すべてのケースに対応しているとは限らないことに注意

化学物質管理者の職務が定められている安衛則第12条の５第１項第２号には、「リスクアセスメントの実施に関すること。」とある。この「リスクアセスメント」とは、化学物質やその製剤の持つ危険性や有害性を特定し、それによる労働者への危険または健康障害を生じるおそれの程度（リスク）を見積もり、そのリスクの低減対策を検討することをいう。

この「リスクアセスメントの実施」に関する化学物質管理者の職務について、施行通達では「……製造し、又は取り扱う事業場ごとに、化学物質管理者を選任し、その者に化学物質に係るリスクアセスメントの実施に関すること等の当該事業場における化学物質の管理に関する技術的事項を管理させなければならないこと」とある。

すなわち、化学物質管理者は必ずしも自らリスクアセスメントを実施しなければならないものではなく、リスクアセスメントが的確に実施されているか否かの管理を行うこともあるが、化学物質のリスクアセスメントの内容は十分知っておく必要がある。

安衛法第57条の３第３項に基づいて厚生労働大臣が公表しているリス

クアセスメント指針の流れは図3-1のとおりである。

本章では、指針の中の安衛法第57条の２第１項の、その実施が事業者の義務となっている「リスクアセスメントに関する部分」について述べ、同指針の後半の、いわゆる「リスク低減措置」に関する部分は、**第４章**で述べることとする。

図3-1　リスクアセスメントの基本的な手順

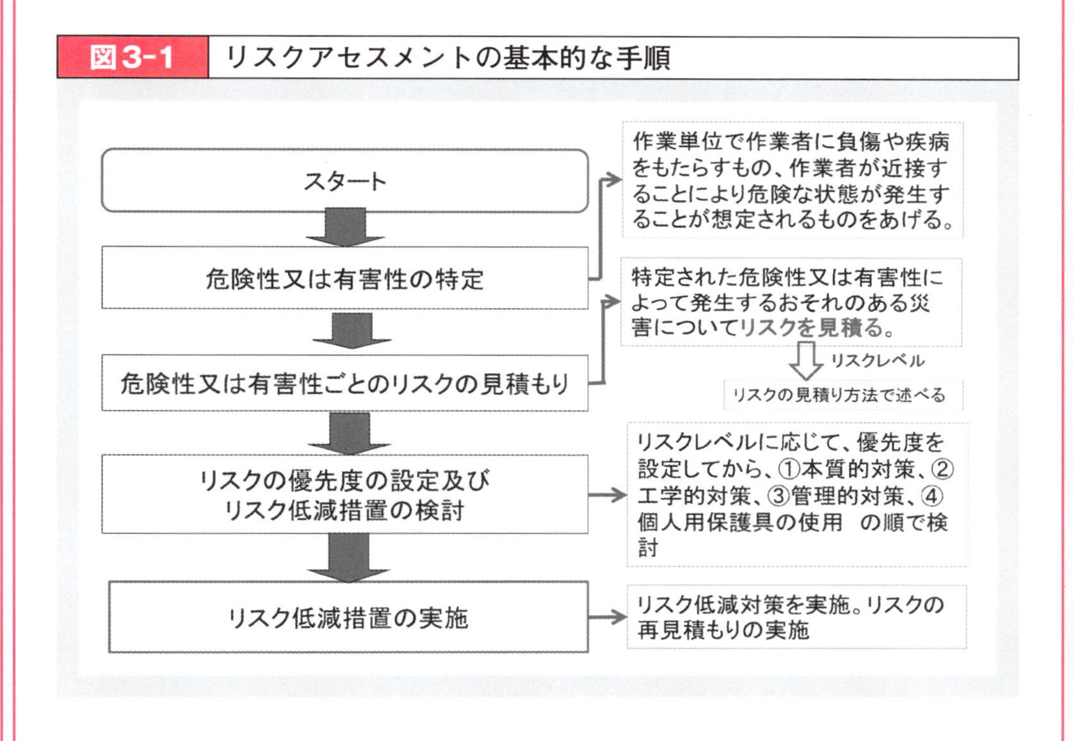

なお、指針の名称中に「危険性又は有害性」とあるため、例えば多くの有機溶剤のように爆発・火災の危険性を持ち、同時に有機溶剤中毒のような健康有害性を有するもののリスクアセスメントは、「危険性に関わるものか、または有害性に関わるもののどちらか一方を実施すればよいか」という疑問を持たれる人がいる。ここでいう「危険性又は有害性」とは、ILO等において「危険有害要因」、「ハザード（hazard）」等の用語で表現されているもので、厚生労働省のホームページに載っている

「化学物質対策に関するＱ＆Ａ」（リスクアセスメント関係）にあるように、危険性と有害性のどちらか一方を実施すれば良いというわけではなく、取り扱っている化学物質が危険性と有害性の両方に該当するのであれば、危険性と有害性それぞれのリスクアセスメントを行う必要がある。リスク見積もり手法によっては、危険性と有害性のどちらも同じ方法で実施することもできるが、危険性と有害性でそれぞれ異なる方法で見積もることが必要な場合もあり、リスク低減措置についても危険性と有害性それぞれの観点から検討・実施する必要がある。

そこで、化学物質のリスクアセスメントは、化学物質の危険性（爆発・火災）のリスクアセスメントと、化学物質の健康有害性のリスクアセスメントに大別される。

化学物質の危険性のリスクアセスメントは、燃焼の３要素である「可燃物」、「着火源」、「酸素（空気）」が揃う可能性を検討することであり（図3-2）、化学物質の健康有害性のリスクアセスメントは、物質ごとに定められた「ばく露限界値」と作業場における取扱い方法によって決まる「ばく露量」を比較する（図3-3）ことである。

図3-2 危険性リスクの基本的な考え方

可燃性の化学物質 → 爆発・火災が発生する条件
→「燃焼の3要素」が揃う可能性を検討する。

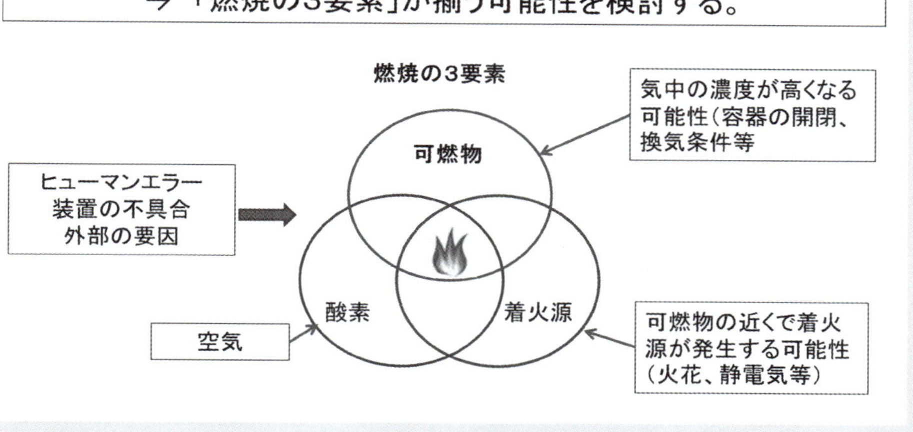

図3-3 有害性リスクの基本的な考え方

物質ごとに定められた「ばく露限界値」と作業場における取扱い方法によって決まる「ばく露量」を比較する

ばく露限界値（基準値）		ばく露量（実測値又は推定値）
■ ほぼすべての労働者が連日繰り返しばく露しても健康に影響を受けないと考えられる濃度または量の閾値 ■ 同一種の有害性の場合、数値が小さい程有害性の程度が強い	比較	■ 実測や推定によって得られた化学物質の気中濃度等 ■ 数値が大きいほど、労働者が化学物質にさらされる（ばく露される）量が多い

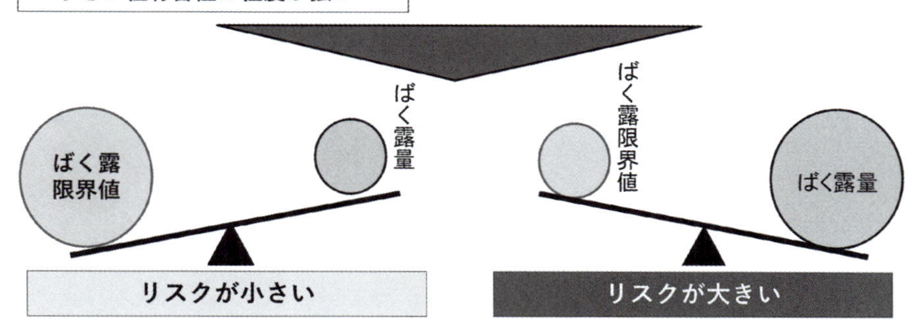

① リスクアセスメントの実施対象となる事業場

製造業、建設業だけでなく、清掃業、卸売・小売業、飲食店、医療・福祉業等、さまざまな業種で化学物質を含む製品が使われている。この化学物質のリスクアセスメントは、業種、事業場規模にかかわらず、リスクアセスメント対象物の製造・取扱いを行うすべての事業場が対象となる。

2 リスクアセスメントの実施義務の対象物質

(1) 対象物質有無の確認

化学物質のリスクアセスメントの第一歩は、事業場で扱っている製品に、リスクアセスメントの対象物質が含まれているかどうか確認することである。

対象となる物質は、安衛則第34条の2の7に規定されている「リスクアセスメント対象物」である。すなわち安衛法第57条の2第1項の通知対象物であり、数年先には約2,900種類になる。

法令上、化学物質のリスクアセスメント対象物を確認するためには、安衛法施行令別表第9および安衛則別表第2ならびに安衛法第56条第1項の製造許可物質に該当するかどうかということになるが、厚生労働省では**第2章**の**④**に述べた「ラベルでアクション」というキャンペーンを行っている。これは、化学品の容器または包装に貼付されているラベルにGHSマーク（**第2章**の図2-2の絵表示）があればリスクアセスメントの対象物質である可能性が高いとして、リスクアセスメントの実施に向けてアクションを起こそうというものである。

(2) ラベル・SDS対象物質に係る規定方法の変更

令和7年4月1日からラベル表示・SDS交付等の義務対象物質の範囲を定める方法が変更された。

すなわち、ラベル表示・SDS交付等の義務対象物質の規制方法は、安衛法第57条および第57条の2に規定された安衛法施行令別表第3第1号（特定化学物質の第一類物質）のほか、安衛法施行令第18条および第18条の2の規定に基づく同施行令別表第9に個々の物質名を列挙する方法から、国が行うGHS分類（日本産業規格Z 7252（GHSに基づく化学品の分類方法）に定める方法による化学物質の危険性及び有害性の分類）の結果、危険性又は有害性があると区分されたすべての化学物質とする考え方に転換された。

具体的には安衛法施行令別表第9には元素及び当該元素から構成される化合物であって包括的にラベル表示・SDS交付対象とすべき物のみが規定され、その他の物については基本的には同施行令では規制対象の外枠（上記の国の行うGHS分類の結果、危険性又は有害性があると区分された物）が規定されたうえで、厚生労働省令（安衛則別表第２）において当該性質や基準に基づき個々の物質名が列挙される方法に改められる。また、現在安衛則別表第２に規定されているラベル・SDS対象物質の裾切り値は、厚生労働省告示において定められることとなる。

③ リスクアセスメントの実施の時期

（1）法令上の実施義務

安衛則第34条の2の7第1項で次のとおり定められている。

❶ 対象物を原材料等として新規に採用したり、変更したりするとき

❷ 対象物を製造し、または取り扱う業務の作業方法や作業手順を新規に採用したり変更したりするとき

❸ ❶および❷のほか、対象物による危険性または有害性等について変化が生じたり、生じるおそれがあったりするとき（新たな危険有害性の情報が、SDS等により提供された場合等）

（2）指針による努力義務

❶ 労働災害発生時（特に過去のリスクアセスメントに問題があるとき）

❷ 過去のリスクアセスメント実施以降、機械設備等の経年劣化、労働者の知識・経験等リスクの状況に変化があったとき

❸ 過去にリスクアセスメントを実施したことがないとき（当該規定の施行日前から取り扱っている物質を、施行日前と同様の作業方法で取り扱う場合には法令上、リスクアセスメント実施の義務は生じない）

安衛法第57条の2第1項の規定により事業者の義務として課せられた化学物質のリスクアセスメントの実施時期は上述のとおりである。一方、安衛則第577条の2第1項の規定により事業者に課せられた「リスクアセスメント対象物に労働者がばく露される程度を最小限度」とすることに加え、同条第2項の「濃度基準物質に労働者がばく露される程度を当該基準値以下」としなければならない義務の確認のために、リスクアセスメントを実施する必要があると思われる。

4 リスクアセスメントの実施体制

まずは、「リスクアセスメントを実施する体制」と「リスク低減措置を実施するための体制」を整える必要がある。安全衛生委員会等の活用を通じ、労働者を参画させることが必須である。

実施体制を整えるために

① 総括安全衛生管理者が選任されている場合には、当該者がリスクアセスメント等の実施を統括管理する。総括安全衛生管理者が選任されていない場合には、事業の実施を統括管理する者がこれを行う。

② 安全管理者または衛生管理者が選任されている場合には、それらの管理者がリスクアセスメントの実施を管理する。

③ 化学物質管理者を選任し、また、安全管理者または衛生管理者が選任されている場合には、その管理のもとに化学物質管理者がリスクアセスメント等に関する技術的事項を管理する。

厚生労働省テキストに紹介されているリスクアセスメントの実施体制の例を第1章の図1-1に示したとおりである。

④ 安全衛生委員会または衛生委員会が設置されている場合には、これらの委員会においてリスクアセスメント等に関することを調査審議する。

また、リスクアセスメント等の対象業務に従事する労働者と化学物質管理の実施状況を共有し、当該管理の実施状況について、それらの労働者の意見を聴取する機会を設け、リスクアセスメント等の実施を決定する段階においても労働者を参画させる。

⑤ リスクアセスメント等の実施に当たっては、必要に応じ、事業場内の化学物質管理専門家や作業環境管理専門家のほか、リスクアセスメント対象物に係る危険性および有害性や、機械設備、化学設備、生産技術等についての専門的知識を有する者も参画させる体制とする。

⑥ ①～⑤のほか、より詳細なリスクアセスメント手法の導入またはリスク低減措置の実施に当たっての技術的な助言を得るため、事業場内に化学物質管理専門家や作業環境管理専門家等がいない場合は、外部の専門家の活用を図ることが望ましい。

なお、10人以上50人未満の事業場においては、②の安全管理者又は衛生管理者に代わって安全衛生推進者又は衛生推進者がリスクアセスメントの実施を管理することになるし、10人未満の事業場においては事業者自らがその任にあたることになる。また、50人未満の事業場では④の安全衛生委員会又は衛生委員会に代わって安衛則第23条の２により設けることとされている関係労働者の意見を聴く機会によりリスクアセスメント等に関する調査審議を行うこととなる。

5 リスクアセスメントの実施の流れ

リスクアセスメントの実施の流れは、前述の図3-1のとおりであるが、それぞれの留意点は次のとおりである。

(1) リスクアセスメントの実施対象物の選定

❶ 事業場において製造または取り扱うすべてのリスクアセスメント対象物とする

❷ リスクアセスメント対象物を製造し、または取り扱う業務ごとに行う

例えば、当該業務に複数の作業工程がある場合、当該工程を1つの単位とするか、または当該業務のうち同一場所において行われる複数の作業を1つの単位とする等、事業場の実情に応じて適切な単位で行うことも可能である

❸ 元方事業者にあっては、その労働者および関係請負人の労働者が同一の場所で作業を行うことによって生ずる労働災害を防止するため、当該混在作業についてもリスクアセスメント等の対象とする

(2) 情報の入手等

リスクアセスメントの実施に当たり、以下に掲げる情報に関する資料等を入手する。情報の入手に当たっては、リスクアセスメントの対象となる作業は定常的な作業のみならず、非定常作業も含まれる。

また、混在作業等、複数の事業者が同一の場所で作業を行う場合にあっては、当該複数の事業者が同一の場所で作業を行う状況に関する以下に掲げる資料等も含める。

❶ リスクアセスメント対象物に係る危険性または有害性に関する情報（SDS等）

❷ リスクアセスメント等の対象となる作業を実施する状況に関する情報（作業標準、作業手順書等、機械設備等に関する情報等）

❸ 次の情報に関する資料等も必要に応じ入手する

ア　リスクアセスメント対象物に係る機械設備等のレイアウト等、作業の周辺

の環境に関する情報

イ　作業環境測定結果等

ウ　災害事例、災害統計等

エ　その他、リスクアセスメント等の実施に当たり参考となる資料等

（3）情報の入手にあたり留意する事項

❶ 新たにリスクアセスメント対象物を外部から譲渡・提供を受ける（購入を含む）場合には、当該リスクアセスメント対象物を譲渡・提供する者から、当該リスクアセスメント対象物に係るSDSを確実に入手すること

❷ リスクアセスメント対象物に係る新たな機械設備等を外部から導入しようとする場合には、当該機械設備等の製造者に対し、当該機械設備等の設計・製造段階においてリスクアセスメントを実施することを求め、その結果を入手すること

❸ リスクアセスメント対象物に係る機械設備等の使用または改造等を行おうとする場合で、自らが当該機械設備等の管理権限を有しないときは、管理権限を有する者等が実施した当該機械設備等に対するリスクアセスメントの結果を入手すること

（4）リスクアセスメント結果の提供

元方事業者は、次の場合には、関係請負人が円滑にリスクアセスメントを実施できるよう、自ら実施したリスクアセスメント等の結果を当該業務に係る関係請負人に提供すること（関係請負人は元方事業者の行ったリスクアセスメントの結果をそのまま利用できることもある）。

❶ 複数の事業者の労働者が同一の場所で作業する場合であって、混在作業におけるリスクアセスメント対象物による労働災害を防止するために元方事業者がリスクアセスメント等を実施したとき

❷ 複数の事業者の労働者がリスクアセスメント対象物にばく露するおそれがある場所等で、元方事業者が当該場所に関するリスクアセスメント等を実施したとき

6 危険性または有害性の特定

リスクアセスメント対象物について、リスクアセスメント等の対象となる業務を洗い出した上で、原則として次の❶から❸までに則した危険性または有害性を特定する。また、必要に応じ、❹についても特定することが望ましい。

❶ GHSまたはJIS Z 7252に基づき分類されたリスクアセスメント対象物の危険性または有害性（SDSを入手した場合には、当該SDSに記載されているGHS分類結果）

❷ リスクアセスメント対象物についての作業環境評価基準に定められた「管理濃度」および令和５年厚生労働省告示第177号（改正 令和６年厚生労働省告示第196号）に規定された「濃度基準値」。これらの値が設定されていない場合であって、日本産業衛生学会の許容濃度または米国産業衛生専門家会議（ACGIH）のTLV-TWA等のリスクアセスメント対象物のばく露限界（以下「ばく露限界」という）が設定されている場合にはその値（SDSを入手した場合には、当該SDSに記載されているばく露限界）

❸ 皮膚等障害化学物質等（安衛則第594条の２第１項に定められた皮膚もしくは眼に障害を与えるおそれまたは皮膚から吸収され、もしくは皮膚に侵入して、健康障害を生ずるおそれのあることが明らかな化学物質または化学物質を含有する製剤）への該当性。該当する物質は、令和５年７月４日付け基発0704第１号（改正 令和５年11月９日付け基発1109第１号）「皮膚等障害化学物質等に該当する化学物質について」に示されている。

❹ ❶から❸までによって特定される危険性または有害性以外の、負傷または疾病の原因となるおそれのある危険性または有害性。この場合、過去にリスクアセスメント対象物による労働災害が発生した作業、リスクアセスメント対象物による危険または健康障害のおそれがある事象が発生した作業等により事業者が把握している情報があるときには、当該情報に基づく危険性または有害性が必ず含まれるよう留意する。

7 リスクの見積もり

前述のとおり、化学物質の危険性のリスクアセスメントは、燃焼の３要素である「可燃物」、「着火源」、「酸素（空気）」が揃う可能性の検討であり、化学物質の健康有害性のリスクアセスメントは、物質ごとに定められた「ばく露限界値」と作業場における取扱い方法によって決まる「ばく露量」を比較することである。これを図示すると図3-4のとおりとなる。

図3-4 リスクの見積り

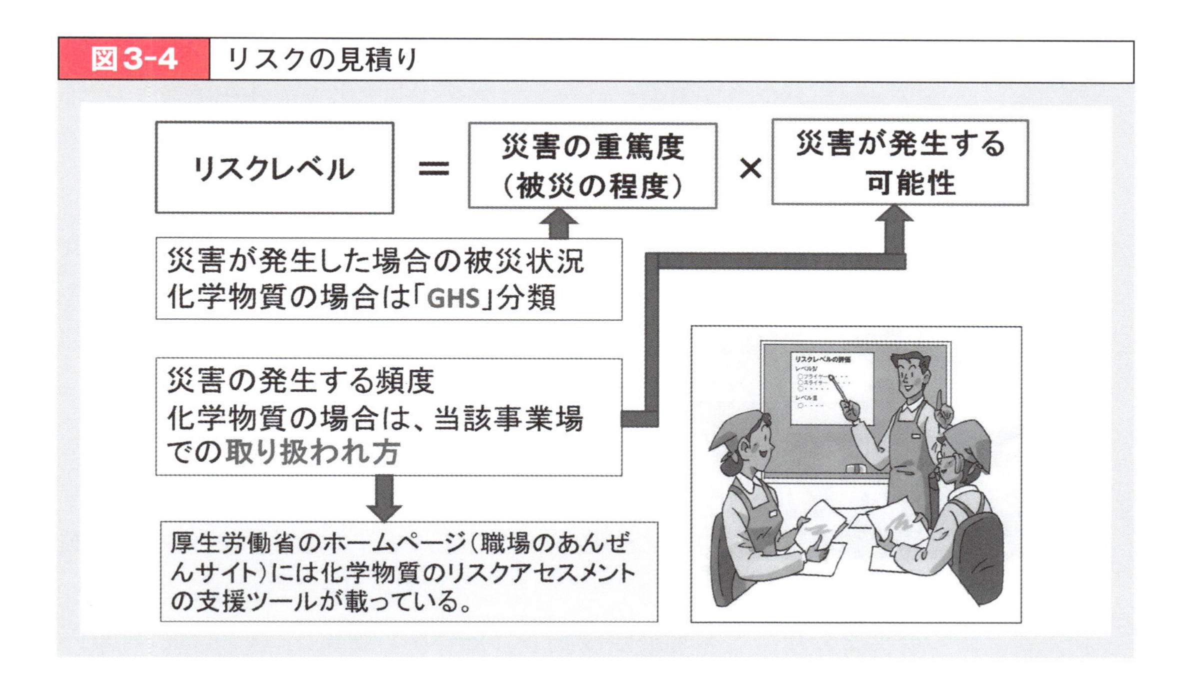

なお、指針では、次のように規定されている。

（1）次のいずれかの方法（危険性に係るものにあっては、アまたはウの方法）により、またはこれらの方法の併用によりリスクアセスメント対象物によるリスクを見積もる（安衛則第34条の2の7第2項）。

ア　リスクアセスメント対象物が当該業務に従事する労働者に危険を及ぼし、またはリスクアセスメント対象物により当該労働者の健康障害を生ずるおそれの程度（発生可能性）および当該危険または健康障害の程度（重篤度）を考慮する方法。

具体的には、次のような方法がある。

（ア）発生可能性および重篤度を相対的に尺度化し、それらを縦軸・横軸とし、あらかじめ発生可能性および重篤度に応じてリスクが割り付けられた表を使用してリスクを見積もる方法

（イ）発生可能性および重篤度を一定の尺度によりそれぞれ数値化し、それらを加算、または乗算等してリスクを見積もる方法

（ウ）発生可能性および重篤度を段階的に分岐していくことによりリスクを見積もる方法

（エ）ILOの化学物質リスク簡易評価法（コントロール・バンディング）等を用いてリスクを見積もる方法

（オ）化学プラントの化学反応のプロセス等による災害のシナリオを仮定して、その事象の発生可能性と重篤度を考慮する方法

イ　当該業務に従事する労働者がリスクアセスメント対象物にさらされる程度（ばく露の程度）および当該リスクアセスメント対象物の有害性の程度を考慮する方法。

具体的には、次のような方法がある。

（ア）管理濃度が定められている物質については、作業環境測定により測定した当該物質の第一評価値を、当該物質の管理濃度と比較する方法

（イ）濃度基準値が設定されている物質については、個人ばく露測定により測定した当該物質の濃度を、当該物質の濃度基準値と比較する方法

（ウ）管理濃度または濃度基準値が設定されていない物質については、対象の業務について作業環境測定等により測定した作業場所における当該物質の気中濃度等を、当該物質のばく露限界と比較する方法

（エ）数理モデルを用いて対象の業務に係る作業を行う労働者の周辺のリスクアセスメント対象物の気中濃度を推定し、当該物質の濃度基準値またはばく露限界と比較する方法

（オ）リスクアセスメント対象物への労働者のばく露の程度および当該物質による有害性の程度を相対的に尺度化し、それらを縦軸・横軸とし、あらかじめばく露の程度および有害性の程度に応じてリスクが割り付けられた表を使用してリスクを見積もる方法

ウ　アまたはイの方法に準ずる方法。

具体的には、次のような方法がある。

（ア）リスクアセスメント対象物に係る危険または健康障害を防止するための具体的な措置が安衛法関係法令（有機則、鉛則、四アルキル鉛則ならびに特化則により規制されている物および安衛法施行令別表第1に規定された危険物に係る安衛則）の規定の各条項に規定されている場合に、当該規定を確認する方法

（イ）リスクアセスメント対象物に係る危険を防止するための具体的な規定が安衛法関係法令に規定されていない場合において、当該物質のSDSに記載されている危険性の種類（例えば「爆発物」等）を確認し、当該危険性と同種の危険性を有し、かつ、具体的措置が規定されている物に係る当該規定を確認する方法

（ウ）毎回異なる環境で作業を行う場合において、典型的な作業を洗い出し、あらかじめ当該作業において労働者がばく露される物質の濃度を測定し、その測定結果に基づくリスク低減措置を定めたマニュアル等を作成するとともに、当該マニュアル等に定められた措置が適切に実施されていることを確認する方法

この規定は、特に建設業等の現場で、その環境が毎回異なる場合に適用される。

（2）上記（1）のアまたはイの方法により見積もりを行うときは、リスクの見積もり方法に応じて、前記⑤の（2）で入手した情報等から次に掲げる事項等、必要な情報を使用する。

ア　当該リスクアセスメント対象物の性状

イ　当該リスクアセスメント対象物の製造量または取扱量

ウ　当該リスクアセスメント対象物の製造または取扱い（以下「製造等」という）に係る作業の内容

エ　当該リスクアセスメント対象物の製造等に係る作業の条件および関連設備の状況

オ　当該リスクアセスメント対象物の製造等に係る作業への人員配置の状況

カ　作業時間および作業の頻度

キ　換気設備の設置状況

ク　有効な保護具の選択および使用状況

ケ　当該リスクアセスメント対象物に係る既存の作業環境中の濃度もしくはばく露濃度の測定結果または生物学的モニタリング結果

(3) 上記(1)のアの方法によるリスクの見積もりにあたり、次の事項等に留意する。

ア　過去に発生した負傷または疾病の重篤度ではなく、最悪の状況を想定した最も重篤な負傷または疾病の重篤度を見積もること

イ　負傷または疾病の重篤度は、傷害や疾病等の種類にかかわらず、共通の尺度を使うことが望ましいことから、基本的に負傷または疾病による休業日数等を尺度として使用すること

ウ　リスクアセスメント対象物の業務に従事する労働者の疲労等の危険性または有害性への付加的影響を考慮することが望ましいこと

(4) 一定の安全衛生対策が講じられた状態でリスクを見積もる場合には、リスクの見積もり方法における必要性に応じて、次に掲げる事項等を考慮すること。

ア　安全装置の設置、立入禁止の措置、排気・換気装置の設置その他の労働災害防止のための機能または方策（以下「安全衛生機能等」という）の信頼性および維持能力

イ　安全衛生機能等を無効化または無視する可能性

ウ　作業手順の逸脱、操作ミスその他の予見可能な意図的・非意図的な誤使用または危険行動の可能性

エ　有害性が立証されていないが、一定の根拠がある場合における当該根拠に基づく有害性

なお、指針には上記のとおり種々のリスクの見積もり方法が規定されているが、厚生労働省の「職場のあんぜんサイト」には、化学物質のリスクアセスメント支援ツールが載っている。リスクアセスメント対象物の取り扱い事業場での通常のリスクアセスメントでは、当該支援ツールにより実施することが現実的であろう。

8 リスク低減措置の検討

リスク低減措置の検討は、安衛法第57条の3第1項の「リスクアセスメント」に含まれ事業者の義務と解される。一方、リスク低減措置の実施は、同条第2項のリスク低減措置の実施である。リスク低減措置の検討および実施をまとめて**第4章**において述べる。

なお、リスクアセスメント対象物を使用する事業場で簡易にリスクアセスメントを実施する場合には、厚生労働省の「職場のあんぜんサイト」の「化学物質のリスクアセスメント支援ツール」に搭載されている「CREATE-SIMPLE（クリエイト シンプル）」によることができる。CREATE-SIMPLEについては、次の**コラム**に紹介する。

コラム
CREATE-SIMPLE（クリエイト シンプル）による リスクアセスメント

第3章に述べたとおり、化学物質の自律的管理の基本は、的確なリスクアセスメントの実施であることには違いない。このリスクアセスメントは、安衛法第57条の3第3項に基づいて厚生労働省から示されている化学物質リスクアセスメント指針に従って実施することになるが、当該指針には、いくつかの手法が紹介されている。また、厚生労働省の「職場のあんぜんサイト」にもいくつかの化学物質のリスクアセスメントに関わる支援ツールが搭載されている。

一方、安衛則第577条の2第1項において「事業者は、リスクアセスメント対象物を製造し、又は取り扱う事業場において、リスクアセスメントの結果等に基づき、労働者の健康障害を防止するため、代替物の使用、発散源を密閉する設備、局所排気装置又は全体換気装置の設置及び稼働、作業の方法の改善、有効な呼吸用保護具を使用させること等必要な措置を講ずることにより、リスクアセスメント対象物に労働者がばく露される程度を最小限度にしなければならない」と規定されている。また、安衛則第577条の2第2項により、厚生労働大臣が定めた濃度基準物質については、労働者がばく露される濃度が当該基準値を超えてはならない。

この規定は、すべての業種およびすべての規模の事業場に適用されるものである。すなわち、現在、リスクアセスメントを実施しなければならない化学物質を使用するすべての事業場において、当該物質に労働者がばく露される程度を最小限度にしなければならないし、濃度基準物質については当該濃度を超えてはならない。そのためには何らかの方法により「労働者がばく露される程度」を把握する必要がある。この「労働者がばく露される程度」の把握は、前述の安衛則第577条の2第1項に「リスクアセスメントの結果等に基づき……」とあるように、一般的には、**リスクアセスメントの実施**によることになるだろう。

化学物質のリスクアセスメントの実施については、種々の方法があるが、一般には、特に化学物質の製造事業場以外の事業場では「職場のあんぜんサイト」に紹介されているツールによることが多いと思う。その中で、上記の安衛則第577条の2第1項および第2項の要求する「労働者がばく露される程度」の推定値を把握できる簡易なものとしては、「検知管による方法」と「CREATE-SIMPLE（クリエイト シンプル）」が挙げられよう。

「検知管による方法」は、検知管と専用のポンプの機器の準備が必要となるし、検知管の対応している物質にしか対応できない。一方、「CREATE-SIMPLE」による方法は、パソコンと、作業に使用する化学物質の安全データシート（SDS）さえ準備すれば簡易に実施することができる。

したがって、このコラムでは化学物質のリスクアセスメントを実施する上で最も多く利用されることが推測される「CREATE-SIMPLE」によるリスクアセスメントのやり方について、手順を追って紹介することとする。

1 「職場のあんぜんサイト」から「CREATE-SIMPLE」をダウンロードする

「職場のあんぜんサイト」から順を追って「CREATE-SIMPLE」をダウンロードすることが正道であるかもしれないが、検索エンジンに「create simple」と入力することによって職場のあんぜんサイト内にある「CREATE-SIMPLE」のページが検索結果の上位に表示される（図1）。

図1

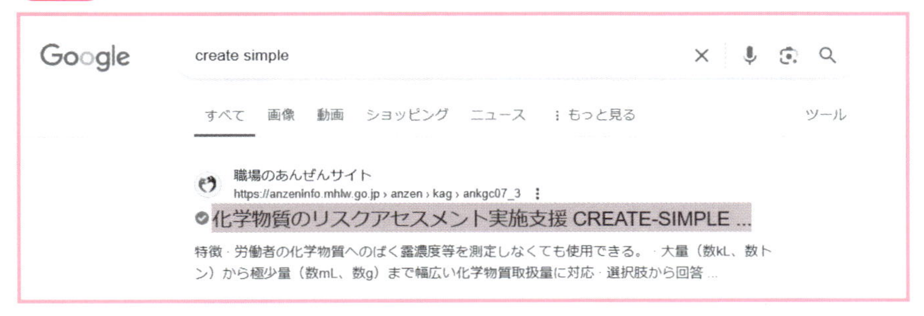

検索結果の「化学物質のリスクアセスメント実施支援CREATE-SIMPLE」をクリックすると、厚生労働省の「職場のあんぜんサイト」のCREATE-SIMPLEのページが表示される（図2）。このページではCREATE-SIMPLEの説明、流れ図、マニュアルと続き、ダウンロードリンクがある（図3）。

当該ページを開き、最下欄の「ツールへのリンク」に「CREATE-SIMPLE Ver.3.0.3」がある。まずこれをクリックしてダウンロードする。

「マニュアル」および「設計基準」もその内容を理解しておくことが望ましい。最低でも「マニュアル」はダウンロードして「CREATE-SIMPLE」の各項目に入力する際の参考にする必要がある。

「CREATE-SIMPLE」は、MS-Excelファイルで提供されるもので、ダウンロード後はインターネットに接続しなくても使用できる。なお、令和6年7月にVer.3.0.3が公開されている。今後も修正プログラムが提供されるものと考えられる。

図2

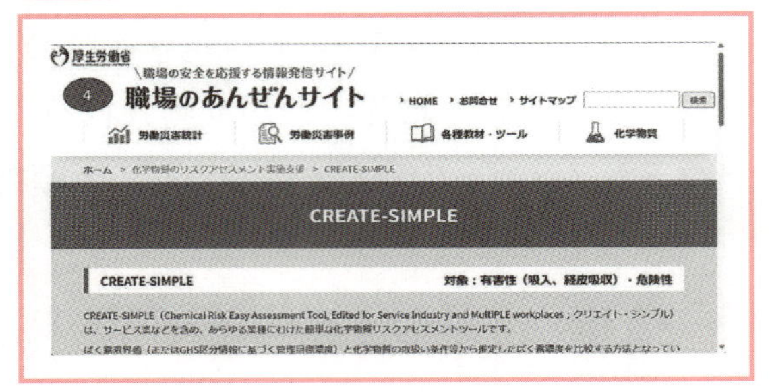

図3

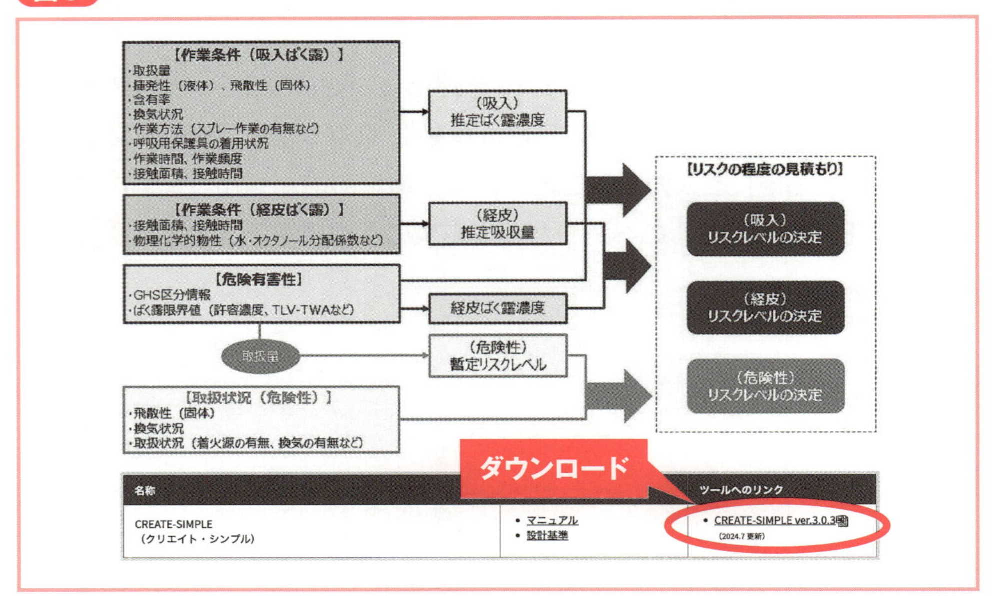

2 CREATE-SIMPLE Ver.3.0の準備

❶ ダウンロードした「CREATE-SIMPLE Ver.3.0.x」を起動する。

❷ 画面上部に黄色の帯で「! 保護ビュー　注意—インターネットから入手したファイルは、ウイルスに感染している可能性があります。編集する必要がなければ、保護ビューのままにしておくことをお勧めします。 編集を有効にする（E）」が表示された場合は、右端の「編集を有効にする（E)」をクリックする。この操作は最初だけで次回からは表示されないはずである。

また、「! セキュリティの警告　一部のアクティブコンテンツが無効にされました。クリックすると詳細が表示されます。 コンテンツの有効化」等と表示されたときは、「コンテンツの有効化」または「マクロを有効にする」をクリックする（図4）。

図4

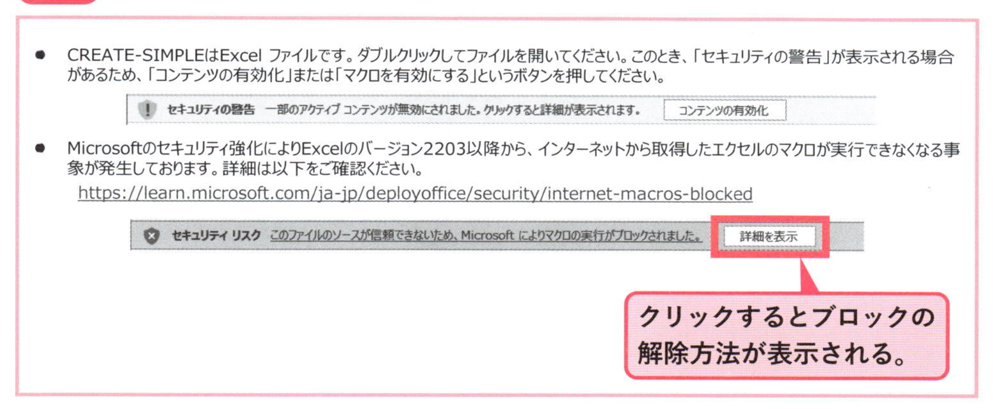

❸「編集を有効にする（E)」をクリックすると、画面上部に赤色の帯で「✕ セキュリティリスク　このファイルのソースが信頼できないため、Microsoftによりマクロの実行がブロックされました。 詳細を表示」と表示されることがある（図4）。

画面の下部に「トップ」、「リスクアセスメントシート」、「実施レポート」、「結果一覧」、「製品DB」の5種類のシートが表示されているので（図5）、

「トップ」シートの注意事項、またはマニュアルの8ページに記載の方法にしたがってブロックを外すことができる（図5）。

図5

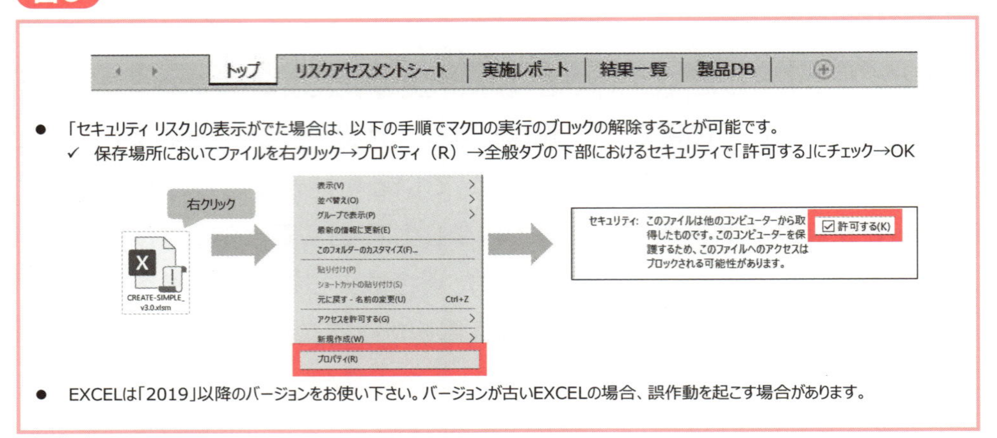

3 CREATE-SIMPLE Ver.3.0のトップページ（STEP1）

❶ 画面下部の「リスクアセスメントシート」をクリックすると、図6のようにCREATE-SIMPLE Ver3.0が**STEP1**から**STEP4**までの連続したファイルとして表示される。

図6

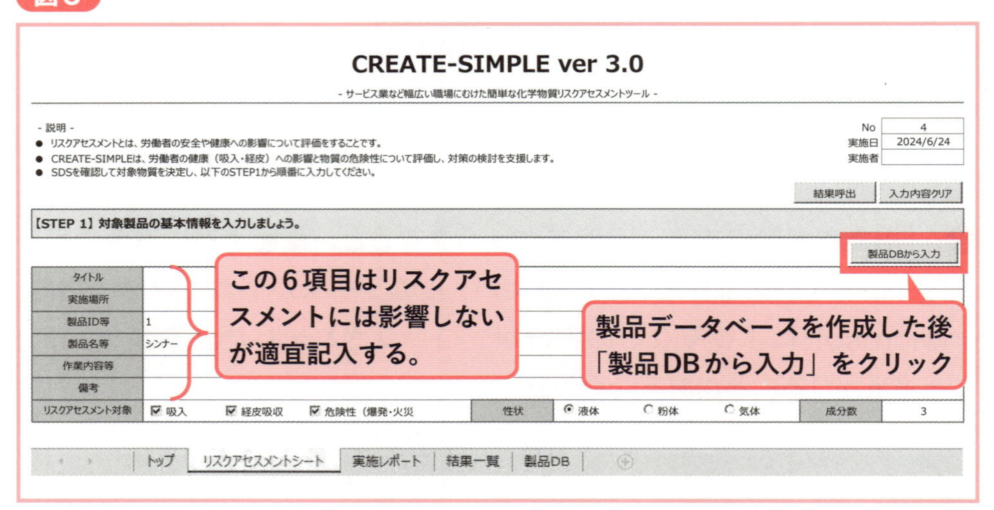

❷ **STEP1**は、「リスクアセスメント対象」、「性状」、「成分数」の欄を除き、リスクアセスメントの結果には直接影響しないが、適宜記入しておいたほうがデータの整理上、都合がよい。

❸ 「リスクアセスメント対象」の欄は、通常「吸入」の欄にはチェックが入るが、対象製品に接触する可能性のある作業の場合は「経皮吸収」に、GHSの絵表示などから爆発・火災の危険性のあるものの場合は「危険性」にチェックを入れる。

❹ 「性状」の欄は、対象製品の性状が正しく選択されているか確認する。

なお、**STEP2**の「CAS RN」、「物質名」からも入力できるが、「製品データベース」に事業場で取り扱う製品を登録することができる。製品データベースに登録すると、皮膚等障害化学物質、濃度基準値設定物質、がん原性物質への該当可否が判定されるため、多くの製品の中から優先順位をつけてリスクアセスメントを実施することができて便利である。

4 「製品データベース」の作成

❶ 画面下部の「製品DB」タブをクリックすると、「製品データベース」のページが表示される（図7）。

図7

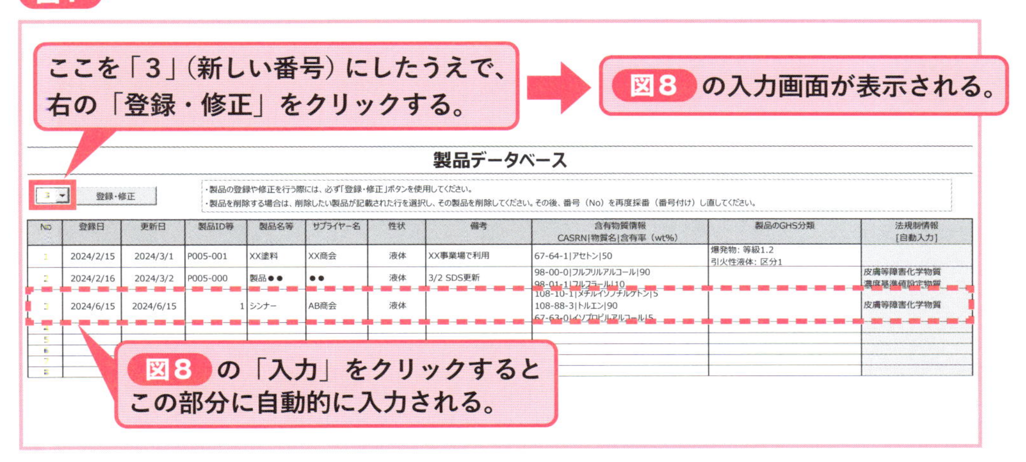

❷　No.1及びNo.2はサンプルとして当初から入っているもので、No.3から入力することにする。

❸　図7の左上の「登録・修正」の左を「3」とし、「登録・修正」をクリックすると、図8の物質名等の入力画面が表示される。

❹　例として、あるシンナーの成分及び含有量はSDSの記載から次のとおりであった。このシンナーについて、CREATE-SIMPLEによりリスクアセスメントを実施することとし、図8のNo.1～No.3のそれぞれの欄に記入する（CAS番号を入力すると物質名は自動的に記入される）。

CAS番号	物質名	含有率
108-10-1	メチルイソブチルケトン	5
108-88-3	トルエン	90
67-63-0	イソプロピルアルコール	5

図8

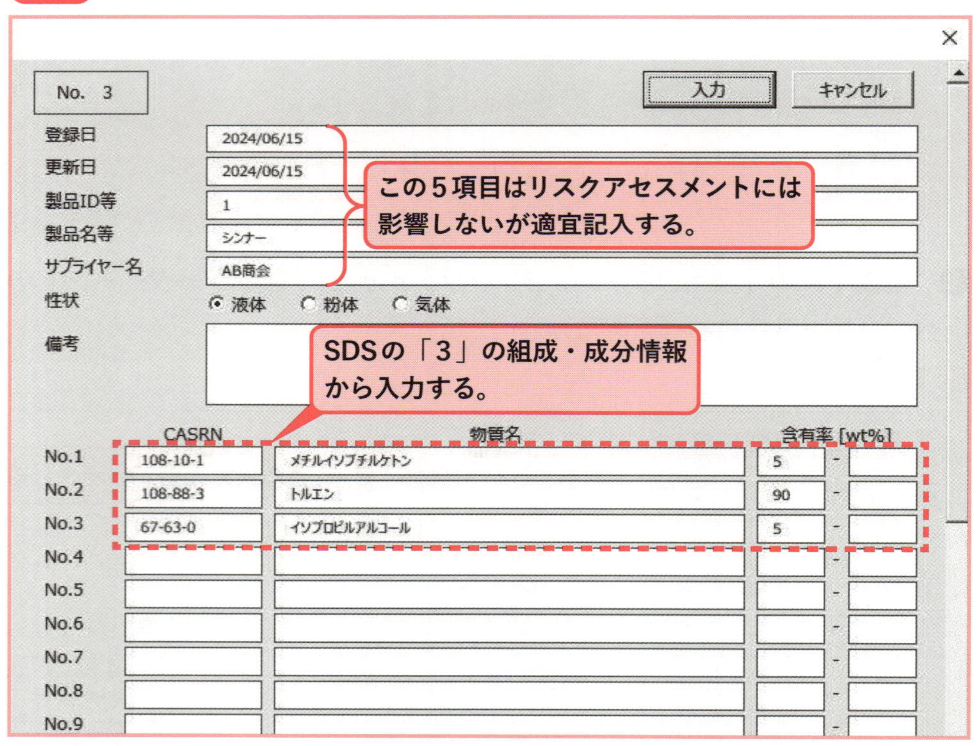

❺　図8の右上の「入力」をクリックすると、図7の「製品データベース」に追加される。

5 取扱い物質に関する情報の入力（STEP1→STEP2）

❶ 製品データベースに入力した製品に対してリスクアセスメントを実施するには、**STEP1**（図6）の右の「製品DBから入力」をクリックする。

❷ 製品DBに登録されている全製品が表示されるので、リスクアセスメントを実施する製品（ここではNo.3）を選択して「入力」をクリックする。

❸ 製品データベースに登録しておいた内容が、**STEP2**に図9のように自動的に表示される（上段には「CAS RNで検索」、「物質一覧から選択」、「CAS RN一括入力」のボタンがあり、その下の「CAS RN」、「物質名」、「含有率（wt%）」に入力する方法もあるが、あらかじめ「製品データベース」を作成しておき、**STEP1**の「製品DBから入力」で製品を選択すれば何もしなくてよい）。

図9

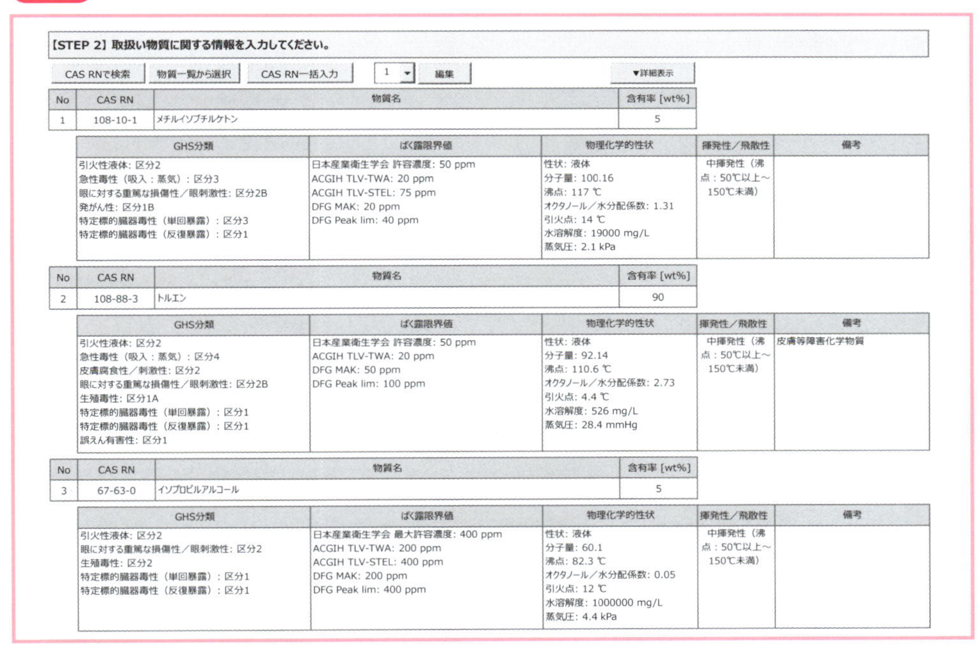

【STEP 2】取扱い物質に関する情報を入力してください。

CAS RNで検索　物質一覧から選択　CAS RN一括入力　1　編集　▼詳細表示

No	CAS RN	物質名	含有率 [wt%]
1	108-10-1	メチルイソブチルケトン	5

GHS分類	ばく露限界値	物理化学的性状	揮発性／飛散性	備考
引火性液体: 区分2 急性毒性（吸入：蒸気）：区分3 眼に対する重篤な損傷性／眼刺激性: 区分2B 発がん性: 区分1B 特定標的臓器毒性（単回暴露）：区分3 特定標的臓器毒性（反復暴露）：区分1	日本産業衛生学会 許容濃度: 50 ppm ACGIH TLV-TWA: 20 ppm ACGIH TLV-STEL: 75 ppm DFG MAK: 20 ppm DFG Peak lim: 40 ppm	性状: 液体 分子量: 100.16 沸点: 117 ℃ オクタノール／水分配係数: 1.31 引火点: 14 ℃ 水溶解度: 19000 mg/L 蒸気圧: 2.1 kPa	中揮発性（沸点：50℃以上～150℃未満）	

No	CAS RN	物質名	含有率 [wt%]
2	108-88-3	トルエン	90

GHS分類	ばく露限界値	物理化学的性状	揮発性／飛散性	備考
引火性液体: 区分2 急性毒性（吸入：蒸気）：区分4 皮膚腐食性／刺激性: 区分2 眼に対する重篤な損傷性／眼刺激性: 区分2B 生殖毒性: 区分1A 特定標的臓器毒性（単回暴露）：区分1 特定標的臓器毒性（反復暴露）：区分1 誤えん有害性: 区分1	日本産業衛生学会 許容濃度: 50 ppm ACGIH TLV-TWA: 20 ppm DFG MAK: 50 ppm DFG Peak lim: 100 ppm	性状: 液体 分子量: 92.14 沸点: 110.6 ℃ オクタノール／水分配係数: 2.73 引火点: 4.4 ℃ 水溶解度: 526 mg/L 蒸気圧: 28.4 mmHg	中揮発性（沸点：50℃以上～150℃未満）	皮膚等障害化学物質

No	CAS RN	物質名	含有率 [wt%]
3	67-63-0	イソプロピルアルコール	5

GHS分類	ばく露限界値	物理化学的性状	揮発性／飛散性	備考
引火性液体: 区分2 眼に対する重篤な損傷性／眼刺激性: 区分2 生殖毒性: 区分2 特定標的臓器毒性（単回暴露）：区分1 特定標的臓器毒性（反復暴露）：区分1	日本産業衛生学会 最大許容濃度: 400 ppm ACGIH TLV-TWA: 200 ppm ACGIH TLV-STEL: 400 ppm DFG MAK: 200 ppm DFG Peak lim: 400 ppm	性状: 液体 分子量: 60.1 沸点: 82.3 ℃ オクタノール／水分配係数: 0.05 引火点: 12 ℃ 水溶解度: 1000000 mg/L 蒸気圧: 4.4 kPa	中揮発性（沸点：50℃以上～150℃未満）	

❹ **3**に述べたとおり、あらかじめ「製品データベース」を作っておくほうが便利である。

6 物質情報、作業条件等（STEP3）

STEP3は15個の質問から構成されている。

図10

【STEP 3】以下の作業内容に関する質問に答えましょう。

Q1 製品の取扱量はどのくらいですか。
少量（100mL以上～1000mL未満）

Q2 スプレー作業など空気中に飛散しやすい作業を行っていますか。
いいえ

Q3 化学物質を塗布する合計面積は1m2以上ですか。
はい

Q4 作業場の換気状況はどのくらいですか。
換気レベルC（工業的な全体換気、屋外作業）

Q5 １日あたりの化学物質の作業時間（ばく露時間）はどのくらいですか。
2時間超～3時間以下

Q6 化学物質の取り扱い頻度はどのくらいですか。
週1回以上 ➡ 2 日／週

Q7 作業内容のばく露濃度の変動の大きさはどのくらいですか。
ばく露濃度の変動が小さい作業

Q8 化学物質が皮膚に接触する面積はどれぐらいですか。
片手の手のひら付着

Q9 取り扱う化学物質に適した手袋を着用していますか。
取扱物質に関する情報のない手袋を使用している

Q10 手袋の適正な使用方法に関する教育は行っていますか。
基本的な教育や訓練を行っている

Q11 化学物質の取扱温度はどのくらいですか。
室温

Q12 着火源を取り除く対策は講じていますか。
はい

Q13 爆発性雰囲気形成防止対策を実施していますか。
はい

Q14 近傍で有機物や金属の取扱いがありますか。
いいえ

Q15 取扱物質が空気又は水に接触する可能性がありますか。
いいえ

STEP3は、それぞれの事業場においての対象物質の取扱い状況であり、それぞれ選択制となっているので、最も近いものを選択する（Q6の日／週の欄のみ数字を記入する）。

Q1　：1回あたり（連続する作業では1日あたり）の製品の取扱量を選択する。

Q2　：スプレー作業やミストが発生する作業、粉体塗装作業やグラインダーを用いた研磨作業など、化学物質が空気中に散布されるような作業がある場合には、「はい」を選択する。

Q3　：化学物質を塗布する作業（塗装や接着作業など）における塗布面積が$1m^2$超の場合には、「はい」を選択する。

Q4(1)：作業場の換気条件について、以下の選択肢から換気レベルを選択する。

・換気レベルA（特に換気のない部屋）
・換気レベルB（全体換気）
・換気レベルC（工業的な全体換気、屋外作業）
・換気レベルD（外付け式局所排気装置）
・換気レベルE（囲い式局所排気装置）
・換気レベルF（密閉容器内での取扱い）

換気レベルの判断がつかない場合には、より安全側（レベルの低い）の換気条件を選択する。

Q4(2)：換気レベルD（外付け式局所排気装置）及び換気レベルE（囲い式局所排気装置）を選択すると、右に「制御風速の確認」が表示されるので、その実施状況を選択する。

Q5　：1日あたりの対象物質を取扱う作業時間の合計を選択する（準備や後片付けなど、ばく露の可能性がある時間を含める）。

Q6　：作業頻度として「週1回以上」または「週1回未満」のどちらかを選択し、「週1回以上」の場合には、週あたりの取扱い日数を、「週1回未満」の場合には、月あたりの取扱い日数を選択する。

Q7　：作業期間におけるばく露濃度の変動の大きさを選択する。

Q8　：作業中に化学物質の飛沫などが接触すると考えられる部位などを選択する。

・大きなコインのサイズ、小さな飛沫
・片手の手のひら付着
・両手の手のひらに付着
・両手全体に付着
・両手及び手首
・両手の肘から下全体

判断がつかない場合は、より安全側（より広い接触面積）を選択する。

Q9　：手袋の着用状況と手袋の素材について選択する。

Q10：手袋の着用に係る教育の実施状況を選択する。

・教育や訓練を行っていない
・基本的な教育や訓練を行っている

・十分な教育や訓練を行っている

「十分な教育や訓練」とは、保護具着用管理責任者を指名のうえ、耐透過性や耐浸透性、廃棄方法などに関する教育を再教育を含め行っていることなどを指す。

Q11：化学物質を取り扱う作業時の温度を選択する。室温よりも高い温度で作業する場合は、「室温以上」を選択し、右側に表示される欄に取扱温度を入力する。

Q12：着火源となりうる裸火や静電気などを取り除く対策がとれている場合（着火源がない場合）は、「はい」を選択する。

Q13：爆発性雰囲気形成防止対策（漏洩防止、放出の管理、換気等）がとられている場合は、「はい」を選択する。

Q14：化学物質を取扱う作業時に、近傍で有機物や金属を取扱っている場合は、「はい」を選択する。

Q15：化学物質を、開放状態で取扱う、近傍で水を用いた作業を行っている場合は、「はい」を選択する。

なお、CREATE-SIMPLE Ver.2では、現状のリスクを把握することを目的とした段階で呼吸用保護具を選択できるようにされていたが（**STEP3**に「呼吸用保護具」に関する質問があった）、リスク見積りのためのばく露の推定の段階で呼吸用保護具の選択をすると、化学物質リスクアセスメント指針に示された優先順位に沿ってリスク低減対策の検討をすることなく、優先順位の低い呼吸用保護具の使用を前提とした評価になってしまうため、Ver.3.0では「実施レポート」の段階のみで選択可能となった。

7 リスクの判定（STEP4）

STEP4には、図11の「リスクの判定」が出る。最初は何も記入されていないが、**STEP3**のすべての質問（少なくとも「必須」の質問）の入力が終わったあと、「リスクを判定」をクリックすると、上段の「ばく露限界値（管理目標濃度)」、「推定ばく露濃度」、「リスクレベル」に加え、下段の判定結果の「有害性」と「危険性（爆発・火災等)」が自動的に表示される。これが現状のリスクレベルである。

図11

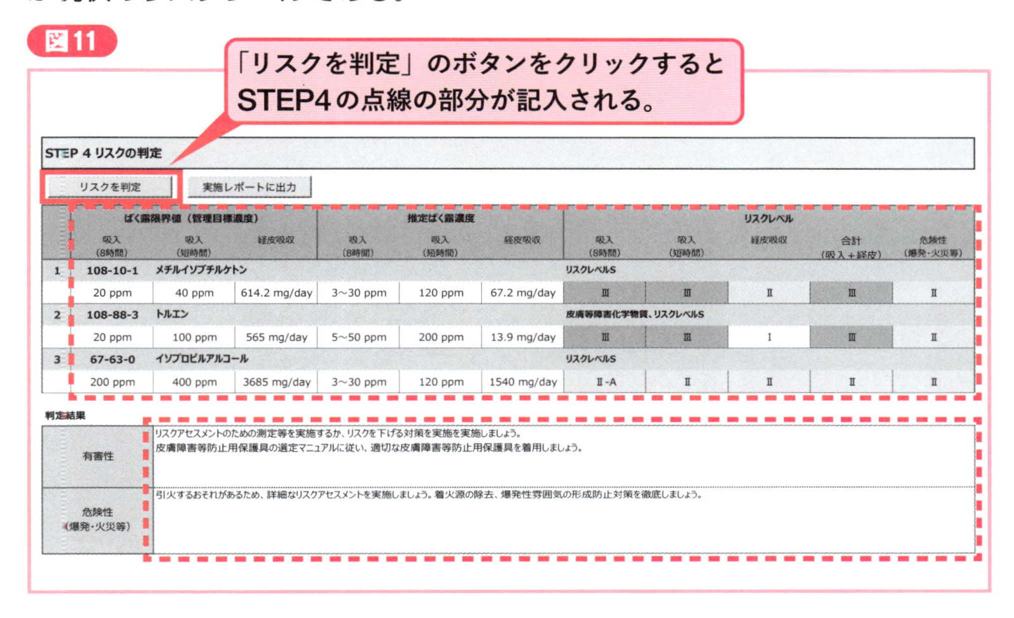

	ばく露限界値（管理目標濃度）			推定ばく露濃度			リスクレベル				
	吸入（8時間）	吸入（短時間）	経皮吸収	吸入（8時間）	吸入（短時間）	経皮吸収	吸入（8時間）	吸入（短時間）	経皮吸収	合計（吸入＋経皮）	危険性（爆発・火災等）
1	108-10-1	メチルイソブチルケトン					リスクレベルS				
	20 ppm	40 ppm	614.2 mg/day	3～30 ppm	120 ppm	67.2 mg/day	Ⅲ	Ⅲ	Ⅱ	Ⅲ	Ⅱ
2	108-88-3	トルエン					皮膚等障害化学物質、リスクレベルS				
	20 ppm	100 ppm	565 mg/day	5～50 ppm	200 ppm	13.9 mg/day	Ⅲ	Ⅲ	Ⅰ	Ⅲ	Ⅱ
3	67-63-0	イソプロピルアルコール					リスクレベルS				
	200 ppm	400 ppm	3685 mg/day	3～30 ppm	120 ppm	1540 mg/day	Ⅱ-A	Ⅱ	Ⅱ	Ⅱ	Ⅱ

判定結果

有害性	リスクアセスメントのための測定等を実施するか、リスクを下げる対策を実施を実施しましょう。 皮膚障害等防止用保護具の選定マニュアルに従い、適切な皮膚障害等防止用保護具を着用しましょう。
危険性（爆発・火災等）	引火するおそれがあるため、詳細なリスクアセスメントを実施しましょう。着火源の除去、爆発性雰囲気の形成防止対策を徹底しましょう。

8 リスク低減対策の検討

❶ 図11の「リスクを判定」の横にある「実施レポートに出力」をクリックすると、「実施レポート」シートに図12の「リスク低減対策の検討」が作成される。このとき、真ん中の「対策後」の欄のQ1～Q15は空欄であり、設問の欄にオプションとして「呼吸用保護具」と「フィットテストの方法」の質問が新設されている。

　また、「現状」と画面右の「リスク低減対策の検討」の欄はSTEP3で入力した内容が表示されており、「リスク低減対策の検討」の欄では設問の欄に新しく設けられた「呼吸用保護具」と「フィットテストの方法」についてのリスク低減対策を選択できるようになっている。

❷ 図12の「リスク低減対策の検討」の欄のQ1～Q15は、STEP3の各問の選択肢をリスク低減対策の内容に応じて変更することができる。ま

た、「呼吸用保護具」と「フィットテストの方法」の欄もそれぞれ使用する呼吸用保護具の種類及びフィットテストの方法を入力できる。

図12

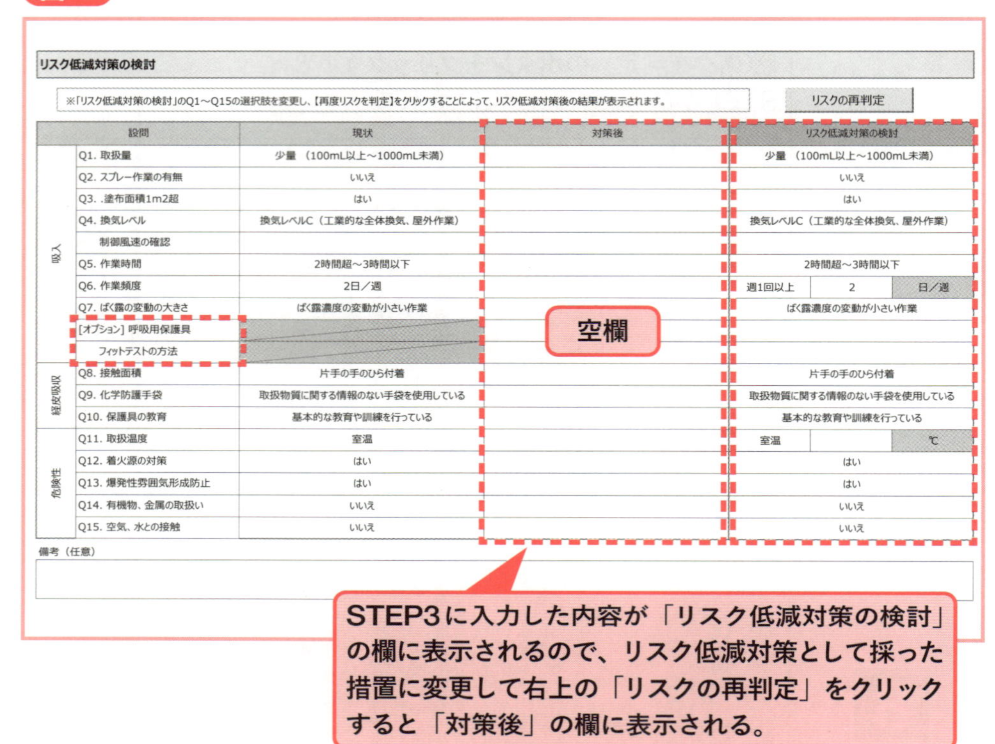

リスク低減対策の検討

※「リスク低減対策の検討」のQ1～Q15の選択肢を変更し、【再度リスクを判定】をクリックすることによって、リスク低減対策後の結果が表示されます。

リスクの再判定

	設問	現状	対策後	リスク低減対策の検討
吸入	Q1. 取扱量	少量 （100mL以上～1000mL未満）		少量 （100mL以上～1000mL未満）
	Q2. スプレー作業の有無	いいえ		いいえ
	Q3. .塗布面積1m2超	はい		はい
	Q4. 換気レベル	換気レベルC（工業的な全体換気、屋外作業）		換気レベルC（工業的な全体換気、屋外作業）
	制御風速の確認			
	Q5. 作業時間	2時間超～3時間以下		2時間超～3時間以下
	Q6. 作業頻度	2日／週		週1回以上 2 日／週
	Q7. ばく露の変動の大きさ	ばく露濃度の変動が小さい作業		ばく露濃度の変動が小さい作業
	[オプション] 呼吸用保護具			
	フィットテストの方法			
経皮吸収	Q8. 接触面積	片手の手のひら付着		片手の手のひら付着
	Q9. 化学防護手袋	取扱物質に関する情報のない手袋を使用している		取扱物質に関する情報のない手袋を使用している
	Q10. 保護具の教育	基本的な教育や訓練を行っている		基本的な教育や訓練を行っている
危険性	Q11. 取扱温度	室温		室温 ℃
	Q12. 着火源の対策	はい		はい
	Q13. 爆発性雰囲気形成防止	はい		はい
	Q14. 有機物、金属の取扱い	いいえ		いいえ
	Q15. 空気、水との接触	いいえ		いいえ

備考（任意）

9 リスク低減対策後のリスクレベル

❶ 図12 の「リスク低減対策の検討」の欄の各問を見直し、呼吸用保護具を使用する場合には「呼吸用保護具」と「フィットテストの方法」の欄に該当する措置を入力する。「リスクの再判定」をクリックすると、図13 の「対策後」の欄にそれぞれ記入される。

この例では、使用する「呼吸用保護具」は「防毒マスク（半面形面体)」、「フィットテストの方法」は「簡易法（シールチェック)」を選択し、**STEP3のQ1～Q15**には変更を加えなかった。変更した部分は、図13 の「対策後」の欄に黄色で表示される。

図13

リスク低減対策の検討

※「リスク低減対策の検討」のQ1～Q15の選択肢を変更し、【再度リスクを判定】をクリックすることによって、リスク低減対策後の結果が表示されます。

リスクの再判定

	設問	現状	対策後	リスク低減対策の検討
吸入	Q1. 取扱量	少量 （100mL以上～1000mL未満）	少量 （100mL以上～1000mL未満）	少量 （100mL以上～1000mL未満）
	Q2. スプレー作業の有無	いいえ	いいえ	いいえ
	Q3. .塗布面積1m2超	はい	はい	はい
	Q4. 換気レベル	換気レベルC（工業的な全体換気、屋外作業）	換気レベルC（工業的な全体換気、屋外作業）	換気レベルC（工業的な全体換気、屋外作業）
	制御風速の確認			
	Q5. 作業時間	2時間超～3時間以下	2時間超～3時間以下	2時間超～3時間以下
	Q6. 作業頻度	2日／週	2日／週	週1回以上　2　日／週
	Q7. ばく露の変動の大きさ	ばく露濃度の変動が小さい作業	ばく露濃度の変動が小さい作業	ばく露濃度の変動が小さい作業
	[オプション] 呼吸用保護具		防毒マスク（半面形面体）	防毒マスク（半面形面体）
	フィットテストの方法		簡易法（シールチェック）	簡易法（シールチェック）
経皮吸収	Q8. 接触面積	片手の手のひら付着	片手の手のひら付着	片手の手のひら付着
	Q9. 化学防護手袋	取扱物質に関する情報のない手袋を使用している	取扱物質に関する情報のない手袋を使用している	取扱物質に関する情報のない手袋を使用している
	Q10. 保護具の教育	基本的な教育や訓練を行っている	基本的な教育や訓練を行っている	基本的な教育や訓練を行っている
危険性	Q11. 取扱温度	室温	室温	室温　℃
	Q12. 着火源の対策	はい	はい	はい
	Q13. 爆発性雰囲気形成防止	はい	はい	はい
	Q14. 有機物、金属の取扱い	いいえ	いいえ	いいえ
	Q15. 空気、水との接触	いいえ	いいえ	いいえ

備考（任意）

❷ 図13（図12も）の右上にある「リスクの再判定」をクリックすると、画面が更新されたうえで図14のとおり「リスクの再判定結果」が示される。

この場合、呼吸用保護具の使用を選択したことにより、吸入によるリスクレベルが低下することが分かる。

図14

リスクの再判定結果

	ばく露限界値（管理目標濃度） 吸入（8時間）	吸入（短時間）	経皮吸収	推定ばく露濃度 吸入（8時間）	吸入（短時間）	経皮吸収	リスクレベル 吸入（8時間）	吸入（短時間）	経皮吸収	合計（吸入＋経皮）	危険性（爆発・火災等）
1	108-10-1	メチルイソブチルケトン					リスクレベルS				
現状	20 ppm	40 ppm	614.2 mg/day	3～30 ppm	120 ppm	67.2 mg/day	Ⅲ	Ⅲ	Ⅱ	Ⅲ	Ⅱ
対策後	20 ppm	40 ppm	614.2 mg/day	0.45～4.5 ppm	18 ppm	67.2 mg/day	Ⅱ-A	Ⅱ	Ⅱ	Ⅱ	Ⅱ
2	108-88-3	トルエン					皮膚等障害化学物質、リスクレベルS				
現状	20 ppm	100 ppm	565 mg/day	5～50 ppm	200 ppm	13.9 mg/day	Ⅲ	Ⅲ	Ⅰ	Ⅲ	Ⅱ
対策後	20 ppm	100 ppm	565 mg/day	0.75～7.5 ppm	30 ppm	13.9 mg/day	Ⅱ-A	Ⅱ	Ⅰ	Ⅱ	Ⅱ
3	67-63-0	イソプロピルアルコール					リスクレベルS				
現状	200 ppm	400 ppm	3685 mg/day	3～30 ppm	120 ppm	1540 mg/day	Ⅱ-A	Ⅱ	Ⅱ	Ⅱ	Ⅱ
対策後	200 ppm	400 ppm	3685 mg/day	0.45～4.5 ppm	18 ppm	1540 mg/day	Ⅰ	Ⅰ	Ⅱ	Ⅱ	Ⅱ

有害性	濃度基準値設定物質以外の長時間（8時間）ばく露の評価結果は良好です。換気、機器や器具、作業手順などの管理に努めましょう。 濃度基準値設定物質以外の短時間ばく露の評価結果は良好です。換気、機器や器具、作業手順などの管理に努めましょう。 皮膚障害等防止用保護具の選定マニュアルに従い、適切な皮膚障害等防止用保護具を着用しましょう。
危険性（爆発・火災等）	引火するおそれがあるため、詳細なリスクアセスメントを実施しましょう。着火源の除去、爆発性雰囲気の形成防止対策を徹底しましょう。

このようにCREATE-SIMPLEによるリスクアセスメントの実施およびリスク低減対策の検討は、製品データベースに登録してもSTEP2でCAS番号等を入力しても対象物質の情報を入力すれば、当該物質のばく露限界値、GHS分類、物理化学的性状等の情報が自動的に入力される。

その上で、**STEP3**で問（**Q1**～**Q15**）に当該作業場の実態に合った回答キーを選択入力することによってリスクレベルの判定ができる。

さらに、リスク低減対策の検討では、**STEP3**で選択した作業場の実態のうち対応可能な項目（問）のキーを再選択入力することにより、対策後のリスクレベルが判定できるものである。

この限りにおいては、CREATE-SIMPLEによる方法は、化学物質のリスクアセスメントといっても特別な化学の知識が必要ではなく、やさしい方法といえる。

しかし、CREATE-SIMPLEはよくできたツールであるが、**STEP3**の各問に準備された回答キーの選択に迷うことも多いと思う。その際はCREATE-SIMPLEのファイルとともに厚生労働省から提供されているCREATE-SIMPLEのマニュアルを見て判断することになるが、特に迷うことの多い**Q4**の換気状況については、同マニュアルによると**表1**のとおりである。

表1　STEP3のQ4「換気レベル」の「換気状況」と「事例」

換気状況	補足説明、事例
特に換気がない部屋	・換気のない密閉された部屋でも、通常人がいる環境であれば最低限の自然換気はあると考えられる。
全体換気	・窓やドアが開いている部屋。 ・一般的な換気扇のある部屋（例：台所用小型換気扇）。 ・ビル内で全体空調がある場合（例：中央管理区分式の空調）。一般に一定程度の外気取入れがある。 ・大空間の屋内の一部（例：ショッピングセンターや大きな作業場の一隅など）。
工業的な全体換気	・工業的な全体換気装置のある部屋（大型換気扇や排風機）。 ・屋外作業。

局所排気装置（外付け式）	・化学物質の発散源近くで上方向や横方向から吸引する場合（例：調理場の上部吸引フード） ・プッシュプル型換気装置
局所排気装置（囲い式）	・実験室のドラフトチャンバーの中に化学物質を置いて作業する場合など
密閉容器内での取扱い	・密閉設備（漏れがないこと） ・グローブボックス（密閉型作業箱）の中に化学物質を置いて作業する場合など

資料：厚生労働省：CREATE-SIMPLEマニュアルより

そのほかにも、当該回答キーの中にズバリ該当するものが見つからないことも多いと思う。その際は作業場の現状に最も近いものを選択することになり、各問の趣旨を考えて柔軟に対応することが求められる。

今のところ改正された安衛則の求める「労働者がばく露する程度」を把握するための簡易なツールは、CREATE-SIMPLE以外に見つけがたいというのが現状である。

したがって、改正安衛則の規定に対応するための最も簡易な手法としてはCREATE-SIMPLEにより、ある程度のばく露レベルを把握することになるのであろう。上述のように回答キーの中にズバリ該当するものが見つからないことが多く、「CREATE-SIMPLEに入力すべき回答キーに該当するものがない」と神経質になっておられる方も見受けられる。このことについて、CREATE-SIMPLEだけでなく、リスクアセスメントそのものが完全無欠なものではなく、ある程度のリスクの大小を見積るものであるという軽い気持ちで実施に当たらざるを得ないと考えるのがよい。

なお、安衛則第577条の2第2項は、「厚生労働大臣が定めるものを製造し、又は取り扱う業務を行う屋内作業場においては、当該業務に従事する労働者がこれらの物にばく露される程度を、厚生労働大臣が定める濃度の基準以下としなければならない」と規定されている。その確認の方法は、令和5年4月27日に公示された「化学物質による健康障害防止のための濃度の基準の適用等に関する技術上の指針」（技術上の指針公示第24号）に示されている。ただし、この規定は屋内作業場のみに適用されるものであり、対象とされる物質も令和5年厚生労働省告示第177号の物質に限定されている。

第４章

リスク低減措置（基本）

- リスク低減対策の基本は、①本質安全化、②工学的対策、③管理的対策、④個人用保護具の使用、の順序で検討する
- リスクアセスメント対象物に労働者がばく露される程度を最小限度にするための措置や濃度基準対象物について、当該基準値以下とするための措置は個人用保護具の使用を含めた対策の結果で判断する

化学物質管理者の重要な職務の一つに「リスク低減措置の検討および実施」がある。具体的には、次の３つである（安衛則第12条の５第１項第３号）。

リスク低減措置の検討・実施事項（化学物質管理者の重要な職務）

① リスクアセスメント対象物に労働者がばく露される程度を最小限度にするための措置の検討（安衛則第577条の２第１項）

② リスクアセスメント対象物中の濃度基準対象物について当該基準値以下とするための措置（安衛則第577条の２第２項）

③ その他安衛法第57条の３の化学物質のリスクアセスメントの結果に基づくリスク低減措置の検討（安衛法第57条の３第２項）

法令上、①と②は事業者の義務であり、③は努力義務である。いずれの場合も広い意味でのリスクアセスメントの結果に基づくばく露防止措置の検討および実施に関することである。

なお、法令上の問題として、安衛法第57条の３第２項の規定に基づくリスク低減措置は実施事業者の努力義務（上記③の化学物質のリスクアセスメントの結果に基づくリスク低減措置の検討までは事業者の義務）

とされている。一方、安衛則第577条第１項および第２項の規定は、一般にリスクアセスメントの結果に基づき当該措置が講じられることになるが、事業者の義務規定であり、罰則を伴った安衛法第22条に基づく措置（安衛法第57条の３第２項の努力義務規定ではない）と考えられる。

そこで、化学物質リスクアセスメント指針に定められた「リスク低減措置の検討」を見ると図4-1のとおりである。

図4-1　リスク低減措置の検討と実施

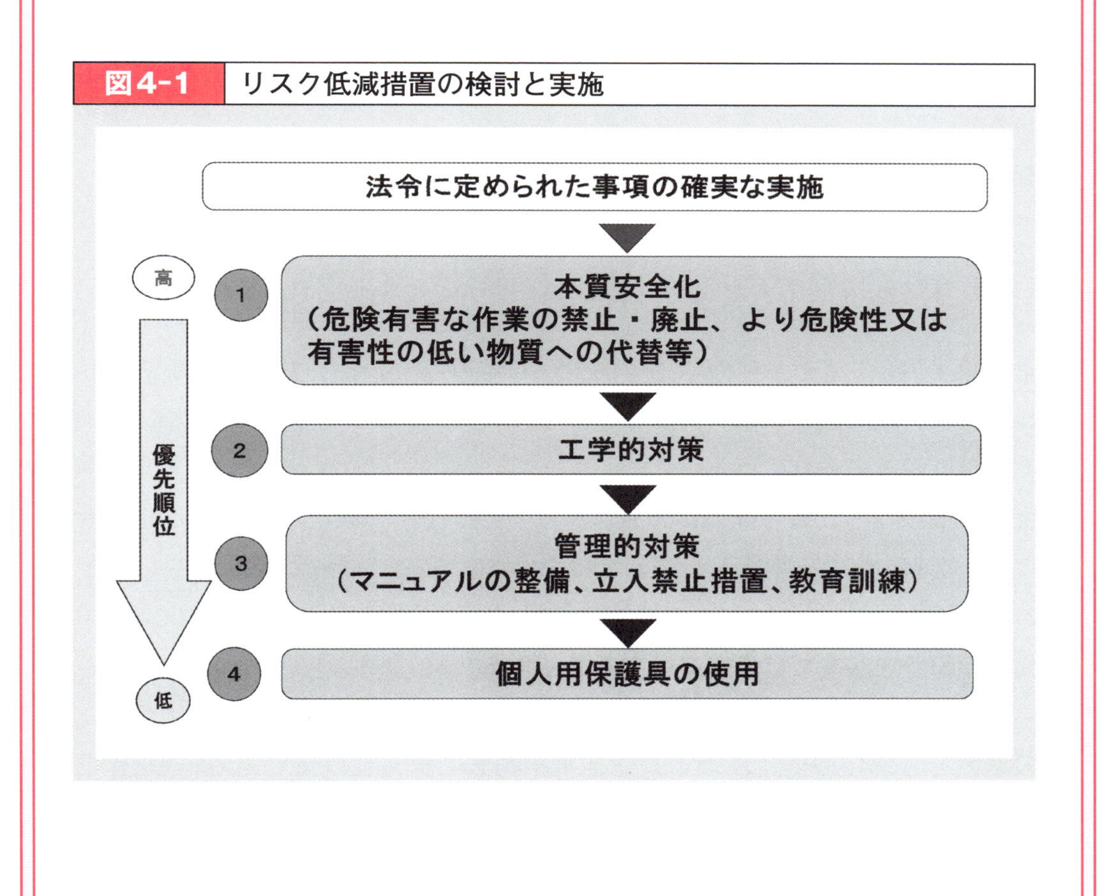

1 濃度基準値の考え方

（1）ばく露される程度を最小限度にする（安衛則第577条の2第1項）

安衛則第577条の2第1項により、事業者は、リスクアセスメント対象物を製造し、又は取り扱う事業場において、リスクアセスメントの結果等に基づき、労働者の健康障害を防止するため、代替物の使用等の必要な措置を講ずることにより、リスクアセスメント対象物に労働者がばく露される程度を最小限度にしなければならないこととされる。この場合の「最小限度」については具体的に示されていないが日本産業衛生学会から勧告されている「許容濃度」や米国のACGIHから勧告されているTLVs等を参考に、それらの機関から勧告されている許容濃度等の値を上回らないことを目標にすべきと考えられる。

（2）濃度基準値以下とする（安衛則第577条の2第2項）

安衛則第577条の2第2項の厚生労働大臣が定めるものとして「濃度基準値」が定められている。濃度基準値は、物質ごとに「八時間濃度基準値」、「短時間濃度基準値」又はその両方が決められている。

濃度基準値のうち、8時間のばく露における物の平均の濃度（八時間時間加重平均値）は、「八時間濃度基準値」を超えてはならず、また、濃度が最も高くなると思われる15分間のばく露における物の平均の濃度（十五分間時間加重平均値）は、「短時間濃度基準値」を超えてはならないこととされる。

なお、「八時間時間加重平均値」とは1日の労働時間のうち8時間のばく露における物の濃度を各測定の測定時間により加重平均して得られる値である。また、「十五分間時間加重平均値」とは、1日の労働時間のうち対象物の濃度が最も高くなると思われる15分間のばく露における物の濃度を各測定の測定時間により加重平均して得られる値である。

図4-2　時間加重平均値の考え方

○時間加重平均値とは

複数の測定値がある場合に、それぞれの測定を実施した時間（測定時間）に応じた重み付けを行って算出される平均値

$$C_{TWA}=\frac{(C_1\cdot T_1+C_2\cdot T_2+\cdots+C_n\cdot T_n)}{(T_1+T_2+\cdots+T_n)}$$

C_{TWA}：時間加重平均値

T_1、T_2、…、T_n：濃度測定における測定時間

C_1、C_2、…、C_n：それぞれの測定時間に対する測定値

$T_1+T_2+\cdots+T_n$ = 8時間 → 八時間時間加重平均値

$T_1+T_2+\cdots+T_n$ = 15分間 → 十五分間時間加重平均値

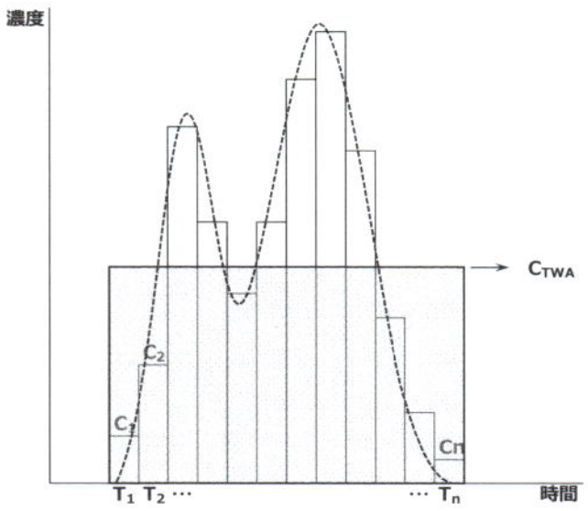

○計算例

1日8時間の労働時間のうち、化学物質にばく露する作業を行う時間（ばく露作業時間）が4時間、ばく露作業時間以外の時間が4時間の場合で、濃度測定の結果、2時間の濃度が0.1 mg/m³、残り2時間の濃度が0.21 mg/m³、4時間の濃度が0 mg/m³であった場合

$$C_{TWA}=\frac{0.1\ mg/m^3\times 2時間+0.21\ mg/m^3\times 2時間+0\ mg/m^3\times 4時間}{2時間+2時間+4時間}$$

$$=0.078\ mg/m^3$$

※厚生労働省資料より

(3) 濃度の基準についての事業者の努力義務

❶　八時間濃度基準値及び短時間濃度基準値が定められているものについて、当該物のばく露における十五分間時間加重平均値が八時間濃度基準値を超え、かつ、短時間濃度基準値以下の場合、当該ばく露の回数が1日の労働時間中に4回を超えず、かつ、当該ばく露の間隔を1時間以上とすること。

❷　八時間濃度基準値が定められており、かつ、短時間濃度基準値が定められていないものについて、当該物のばく露における十五分間時間加重平均値が八時間濃度基準値を超える場合、当該ばく露の十五分間時間加重平均値が八時間濃度基準値の3倍を超えないようにすること。

図4-3　八時間濃度基準値・短時間濃度基準値

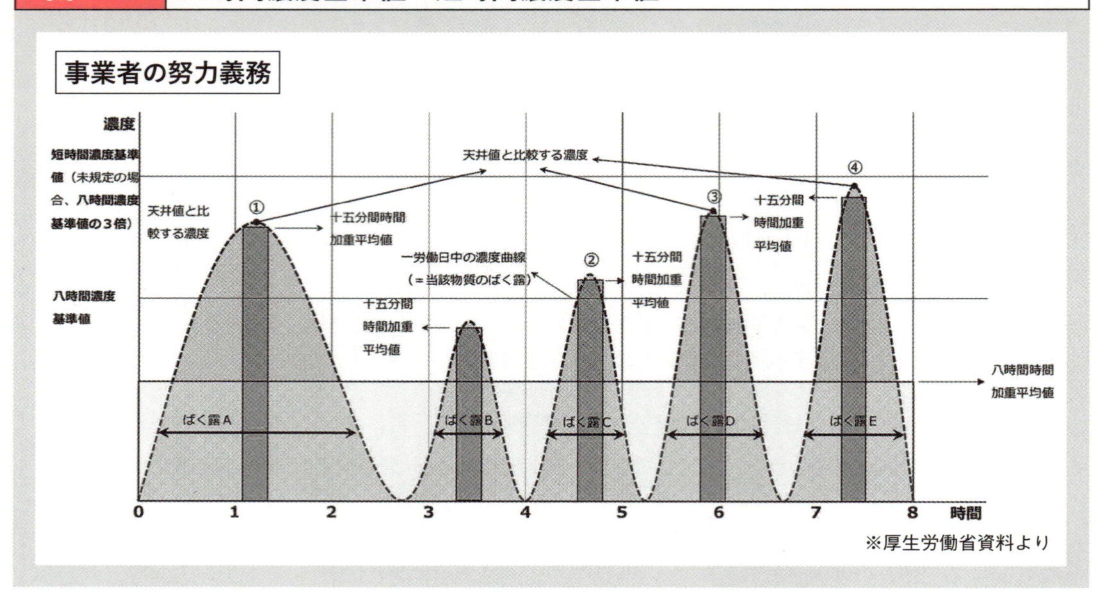

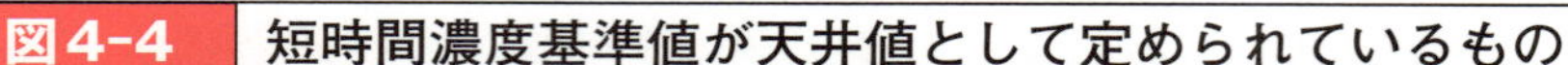

❸　短時間濃度基準値が天井値として定められているものについては、当該物のばく露における濃度が、いかなる短時間のばく露におけるものであるかを問わず短時間濃度基準値を超えないようにすること。

図4-4　短時間濃度基準値が天井値として定められているもの

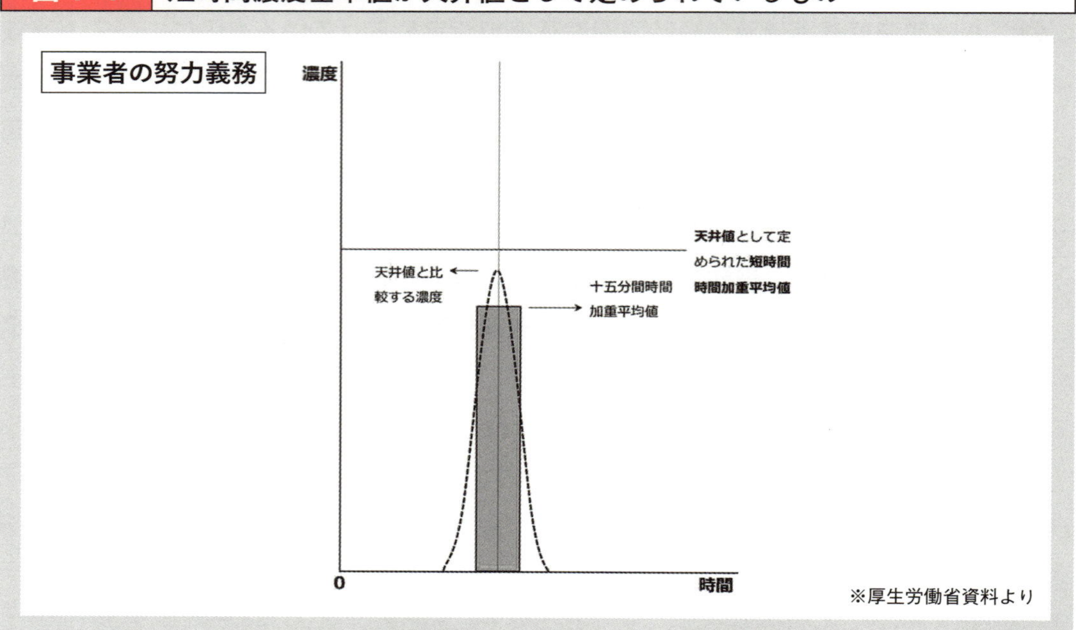

② 化学物質の有害性に関わるリスク低減対策の検討の基本

安衛法に基づく安衛則や特化則等の特別則に規定がある場合等、法令に定められた措置がある場合にはそれを必ず実施するほか、法令に定められた措置がない場合には、次の❶から❹までの優先順位に従ってリスクアセスメント対象物に労働者がばく露する程度を最小限度とすることを含めたリスク低減措置の内容の検討を行う（図4-1参照）。

❶ 本質安全化

危険性または有害性のより低い化学物質への代替、化学反応のプロセス等の運転条件の変更、取り扱うリスクアセスメント対象物の形状の変更等またはこれらの併用によるリスクの低減。

この場合、危険性・有害性の不明な物質に代替することは絶対に避けなければならない。

すなわち、今後、自律的な管理に移行することによって、特別規則の対象となっていない化学物質は、「有害性が低い（あるいは有害性がない）」と安易に判断する場面は徐々に少なくなっていくものと思われるが、あらためて、代替を検討している化学物質のSDSの内容をよく読み取った上で、慎重に代替を検討することが求められる。有害性が確定していない化学物質へ安易に代替するという選択肢以外に、有害性のわかっている化学物質を注意深く使っていく選択肢もあることを、忘れないようにする。

❷ 工学的対策

有害な化学物質の拡散を抑える、または作業者が取り扱わないようにする。すなわちリスクアセスメント対象物に係る機械設備等の防爆構造化、安全装置の二重化等の工学的対策またはリスクアセスメント対象物に係る機械設備等の密閉化、局所排気装置の設置等の衛生工学的対策を講じる。

❶の代替化が困難な場合には、有害な化学物質の拡散を出来る限り抑えることを検討する。たとえば機械設備等を密閉化する、または取り扱う場所をパーテーション等で囲って内部を負圧に保ち、作業者が通常作業を行っている区域と隔離すれば有害な化学物質の作業場への拡散を抑えることができる。常温で固体の化学物質は作業上支障がなければ湿らせて取り扱うことで発じんを抑えることがで

きる。

また、ロボットを利用して作業の自動化を図り、人による作業自体をなくせば、本質安全化が図れる。化学物質管理者は、常に新しい関連技術情報の入手を心掛けるべきである。

- 温度や圧力等の運転条件を変えて発散量を減らす。
- 化学物質等の形状を、粉から粒に変更して取り扱う。
- 衛生工学的対策として、蓋のない容器に蓋を付ける、容器を密閉する、局所排気装置のフード形状を囲い込み型に改良する、作業場所に拡散防止のためのパーテーション（間仕切り、ビニールカーテン等）を設置する。
- 全体換気により作業場全体の気中濃度を下げる。

なお、作業者の安全衛生に関わる意識も考慮した上で、現状では作業手順の徹底（管理的対策）が難しい場合や保護具の着用の励行が難しいという事情があれば、そのことをきちんとリスク評価に反映させ、安易に管理的対策、保護具の着用といった低減措置を選択することなく、前述したような本質安全化策、衛生工学的対策を選択することが大切となる。

特別規則の規定に沿って、屋内作業場の多くの現場で採用されてきた局所排気装置およびプッシュプル型換気装置は、自律的な管理においても、幅広く有効に活用されるべき基本的な衛生工学的対策であることに変わりはない。化学物質管理者自身が、これらの設備の直接設計に携わることは少ないと思われるが、それらの装置の設置計画に参画される場合や具体的な設計資料等の確認時、運用時に知っておきたい最低限の事柄については、**第５章**において説明する。第5章

③ 作業手順の改善、立入禁止等の管理的対策

作業の方法により、作業者が化学物質に接触する程度が異なるため、これを改善することによりばく露の程度を最小限度とすることができる。作業中の作業者の姿勢は化学物質の発散源と作業者の呼吸域との距離と時間に影響する。作業者の熟練度や作業の手順によりばらつきが出るものの、個々の労働者に任せるのではなく、作業標準を定める等により作業管理として改善を図る必要がある。

- 発散の少ない作業手順に見直す。
- 作業手順書を整備する。
- 決められた作業手順等を守るための教育を実施する。

❹ 個人用保護具の選択および使用

リスク低減措置の検討に当たっては、より優先順位の高い措置（❶の「本質安全化」が最も優先順位が高い）を講じる場合であって、当該措置により十分にリスクが低減される場合には、当該措置よりも優先順位の低い措置の検討まで要するものではない。

保護具を使用する場合には、事前に表4-1の事項を確認する必要がある。

表4-1 保護具の選定に当たっての確認事項

確認事項	内容
使用する化学物質の確認	使用する化学製品について、ラベルやSDSを確認して、危険・有害性や事故時の対応等について情報を収集・整理する。
取扱い製品の状態の確認	化学製品を取り扱う際に、対象物質が粒子として飛散するか、塗料のように液体であって、成分の有機溶剤が揮発して蒸気（気体）になっているか、スプレー塗装のように霧状の細かい液滴と気体の混合物であるか等の詳細な状況を確認する。
作業場の環境の確認	気温が高ければ、塗料等の液体からより多くの有機溶剤が蒸発する。環境中の温度は作業者のばく露濃度が上昇する重要な因子となる。また、狭い部屋や囲い込みの中での作業では濃度が高くなる。局所排気設備がある場合には有効に作動していることを確認する。
作業内容の確認	作業内容に応じて必要な保護具の形状や必要な性能が変わるため、作業に伴う活動の状況を把握する。
保護具メーカー等の情報や助言の確認	不明点があれば保護具メーカーや保護具アドバイザーの資格を有する者に相談の上、適切な保護具に関る情報や助言を受ける。

保護具に関する詳細は**第6章**に述べる。

第6章

なお、参考までに吸入ばく露の健康有害性に関するリスクの見積りを行う際の手順を示すと図4-5のとおりとなる。

図4-5 吸入ばく露のリスクアセスメントのフロー

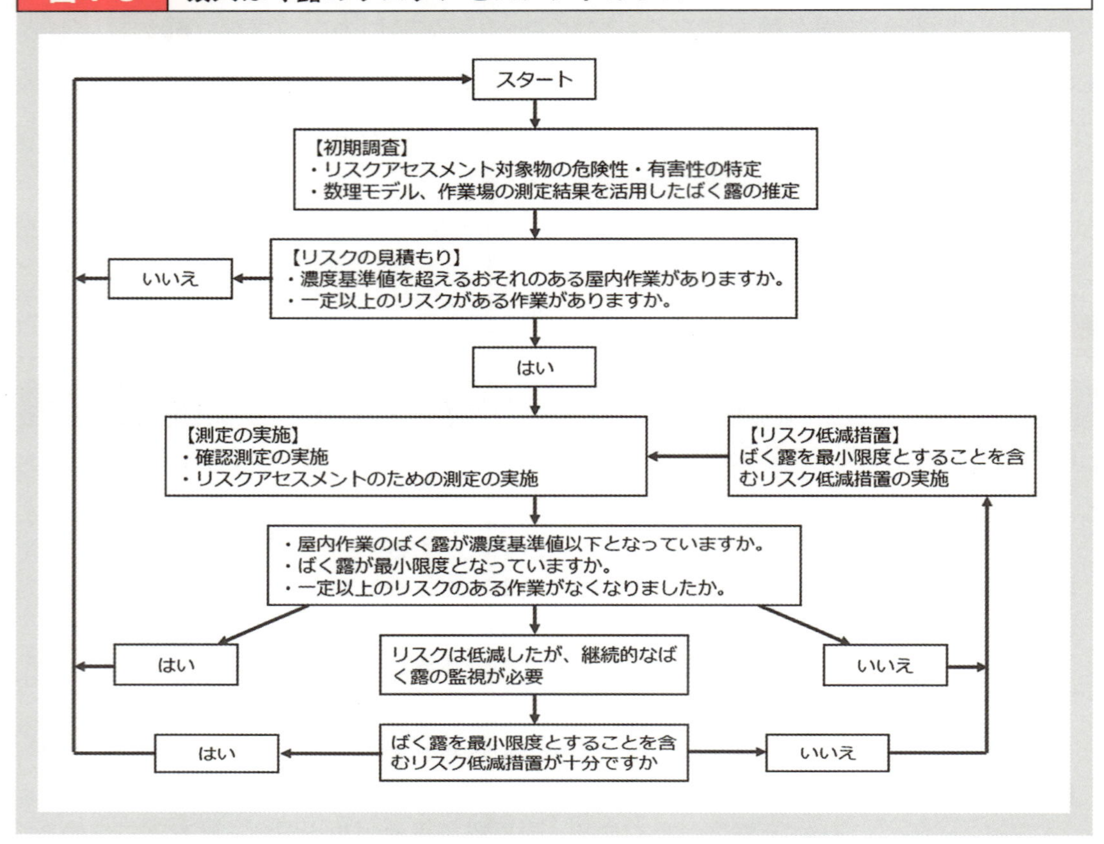

図4-5の初期調査において、危険有害性情報やばく露の記録、（CREATE-SIMPLE等）や簡易測定の活用により、リスクを見積る。その結果、濃度基準値が設定されている物質については、労働者のばく露が濃度基準値を超えるおそれのある作業（濃度基準値の２分の１程度を超える場合）を把握した場合は、労働者のばく露の程度と濃度基準値を比較し、労働者のばく露が濃度基準値以下であることを確認するための測定（確認測定）を実施し、その結果を踏まえて必要なばく露低減措置を実施しなければならない。

また濃度基準値が定められていない物質については、リスクが一定以上の場合には、ばく露を最小限度にする対策を講じなければならない。

なお、特化則、有機則等において個別具体的な規定が定められている物質を取り扱う作業について、個別の措置（局所排気装置の設置、作業環境測定等）に従う。

化学物質の有害性に関わる労働者がばく露する程度が濃度基準値またはばく露限界値以下かの確認

リスク低減対策を検討した後、次の方法によりリスクの見積もりを行い、労働者がばく露する程度が濃度基準値またはばく露限界を十分に下回ることが確認できた場合は、当該リスクは許容範囲内であり、追加のリスク低減措置を検討する必要はないものとしても良いこととされている。

濃度基準値・ばく露限界が許容範囲内か確認する方法の例

- 管理濃度が定められている物質については、作業環境測定により測定した当該物質の第一評価値を、当該物質の管理濃度と比較する方法。
- 濃度基準値が設定されている物質については、個人ばく露測定により測定した当該物質の濃度を、当該物質の濃度基準値と比較する方法。
- 管理濃度または濃度基準値が設定されていない物質については、対象の業務について作業環境測定等により測定した作業場所における当該物質の気中濃度等を、当該物質のばく露限界（日本産業衛生学会の許容濃度、ACGIHのTLV-TWA等と考えられる）と比較する方法。
- 数理モデルを用いて対象の業務に係る作業を行う労働者の周辺のリスクアセスメント対象物の気中濃度を推定し、当該物質の濃度基準値またはばく露限界と比較する方法。
- リスクアセスメント対象物への労働者のばく露の程度および当該物質による有害性の程度を相対的に尺度化し、それらを縦軸と横軸とし、あらかじめばく露の程度および有害性の程度に応じてリスクが割り付けられた表を使用してリスクを見積もる方法。

なお、「化学物質による健康障害防止のための濃度の基準の適用等に関する技術上の指針」（令和5年4月27日技術上の指針公示第24号）では、労働者がばく露する程度が濃度基準値またはばく露限界値以下の確認についての基本的な考え方として、次のように述べている。

❶ 事業場で使用する全てのリスクアセスメント対象物について、危険性または有害性を特定し、労働者が当該物にばく露される程度を数理モデルの活用を含めた

適切な方法により把握する。その上で、リスクを見積もり、その結果に基づき危険性または有害性の低い物質への代替、工学的対策、管理的対策、有効な保護具の使用等により、当該物にばく露される程度を最小限度とすることを含め、必要なリスク低減措置を実施すること（上記①に述べたとおり）

❷ 濃度基準値が設定されている物質について、リスクの見積もりの過程において、労働者が当該物質にばく露される程度が濃度基準値を超えるおそれのある屋内作業を把握した場合は、確認測定を実施する。その結果に基づき、当該作業に従事するすべての労働者が当該物質にばく露される程度を濃度基準値以下とすることを含め、必要なリスク低減措置を実施すること。この場合において、ばく露される当該物質の濃度の平均値の上側信頼限界（95%。濃度の確率的な分布のうち、高濃度側から５%に相当する濃度の推計値をいう）が濃度基準値以下であることを維持することまで求める趣旨ではない

❸ 濃度基準値が設定されていない物質について、リスクの見積りの結果、一定以上のリスクがある場合等、労働者のばく露状況を正確に評価する必要がある場合には、当該物質の濃度の測定を実施すること。この測定は、作業場全体のばく露状況を評価し、必要なリスク低減措置を検討するために行うものであることから、工学的対策を実施しうる場合にあっては、個人サンプリング法等の労働者の呼吸域における物質の濃度の測定のみならず、よくデザインされた場の測定も必要になる場合があること。また、事業者は、統計的な根拠を持って事業場における化学物質へのばく露が適切に管理されていることを示すため、測定値のばらつきに対して、統計上の上側信頼限界（95%）を踏まえた評価を行うことが望ましい

❹ 建設作業等、毎回異なる環境で作業を行う場合については、典型的な作業を洗い出し、あらかじめ当該作業において労働者がばく露される物質の濃度を測定し、その測定結果に基づく局所排気装置の設置および使用、要求防護係数に対して十分な余裕を持った指定防護係数を有する有効な呼吸用保護具の使用（防毒マスクの場合は適切な吸収缶の使用）等を行うことを定めたマニュアル等を作成する。そうすることで、作業ごとに労働者がばく露される物質の濃度を測定することなく当該作業におけるリスクアセスメントを実施することができる。また、当該マニュアル等に定められた措置を適切に実施することで、当該作業において、労働者のばく露の程度を最小限度とすることを含めたリスク低減措置を実施することができる

❺ ❶から❹までのリスクアセスメントおよびその結果に基づくリスク低減措置

については、化学物質管理者の管理下において実施する必要がある

❻ リスクアセスメントと濃度基準値については、次の事項に留意すること

ア リスクアセスメントの実施時期は、安衛則第34条の2の7第1項の規定により、

- リスクアセスメント対象物を原材料等として新規に採用し、または変更するとき
- リスクアセスメント対象物を製造し、または取り扱う業務に係る作業の方法または手順を新規に採用し、または変更するとき
- リスクアセスメント対象物の危険性または有害性等について変化が生じ、または生ずるおそれがあるとき

とされている（第３章の③に述べたとおり）。

なお、「有害性等について変化が生じ」には、濃度基準値が新たに定められた場合や、すでに使用している物質が新たにリスクアセスメント対象物となった場合が含まれる。さらに、化学物質リスクアセスメント指針においては、前回のリスクアセスメントから一定の期間が経過し、設備等の経年劣化、労働者の入れ替わり等に伴う知識経験等の変化、新たな安全衛生に係る知見の集積等があった場合には、再度、リスクアセスメントを実施するよう努めることとしていること。

イ 労働者のばく露の程度が濃度基準値以下であることを確認する方法は、事業者において決定されるものであり、確認測定の方法以外の方法でも差し支えないが、事業者は、労働基準監督機関等に対して、労働者のばく露の程度が濃度基準値以下であることを明らかにできる必要がある。また、確認測定を行う場合は、確認測定の精度を担保するため、作業環境測定士が関与することが望ましい。

ウ 労働者のばく露の程度は、呼吸用保護具を使用していない場合は、労働者の呼吸域において測定される濃度で、呼吸用保護具を使用している場合は、呼吸用保護具の内側の濃度で表される。したがって、労働者の呼吸域における物質の濃度が濃度基準値を上回っていたとしても、有効な呼吸用保護具の使用により、労働者がばく露される物質の濃度を濃度基準値以下とすることが許容されることに留意すること。ただし、実際に呼吸用保護具の内側の濃度の測定を行うことは困難であるため、労働者の呼吸域における物質の濃度を呼吸用保護具の指定防護係数で除して、呼吸用保護具の内側の濃度を算定することができる。

エ よくデザインされた場の測定とは、主として工学的対策の実施のために、化学物質の発散源の特定、局所排気装置等の有効性の確認等のために、固定点で行う測定をいう。従来の作業環境測定のＡ・Ｂ測定の手法も含まれる。場の測定については、作業環境測定士の関与が望ましいこと。

4 爆発・火災の危険性に対するリスク低減対策の検討

化学物質の爆発・火災の危険性に対するリスク低減措置の検討においても p.65に述べたリスクアセスメント指針に規定されている「リスク低減措置」の順序により検討することになるが、その際に「多重防護」の考え方を組み合わせることになる。

多重防護の考え方の基本は、火災・爆発等発生に至るシナリオの進展をできるだけ早い（影響が小さい）段階で止めることであり、一般に

1. **異常事態を発生させない**
2. **事故を発生させない**
3. **事故が発生してもできる限り被害を局限化する**

の順番で考える。そのためには異常の発生を検知するセンサー（温度計、圧力計、濃度計等）や警報装置（センサーによりそれぞれの値を検知し、設定値を超えた場合にはアラームで知らせる）等の異常事態検知装置を設置することも有効である。

リスク低減措置の目的とその内容は、大略、次のとおりである。

表4-2　多重防護に関わるリスク低減措置の内容

リスク低減措置	内容
異常発生防止対策	主に原因系（引き金事象）の発生を防ぐための対策であり、設備・装置・道具に不具合を生じさせない、あるいは作業者がミスをしても正常な状態に保つ（爆発性雰囲気を形成させない、着火源を発現させない等）。
事故発生防止対策	爆発性雰囲気が形成される作業場所で着火源が発現しないようにすること。着火源が発現している作業場に爆発性雰囲気が流れ込まないようにすること。
被害の局限化対策	たとえ火災・爆発が発生しても、それによる影響をできる限り小さくする（建屋や設備の被害や周辺住民への被害を軽減する、または避難等により作業員が被災するのを防ぐ）。
異常発生検知手段	爆発性雰囲気の形成や着火源の発現を検知する。検知した結果を基に、(a)異常発生防止対策、(b)事故発生防止対策、または(c)被害の局限化対策でどのように対応するかをセットで考える。

なお、化学物質の爆発・火災等の危険性のリスク低減措置については、有害性の場合と異なって、法令上の措置の基準は示されていないし、化学物質管理者の直接管理する職務には入っていないが、その災害防止は必須である。

化学物質の危険性に関するリスクアセスメント手法・ツールの活用のフローを示すと図4-6のとおりである。

図4-6 危険性に関するリスクアセスメント手法・ツールの活用のフロー

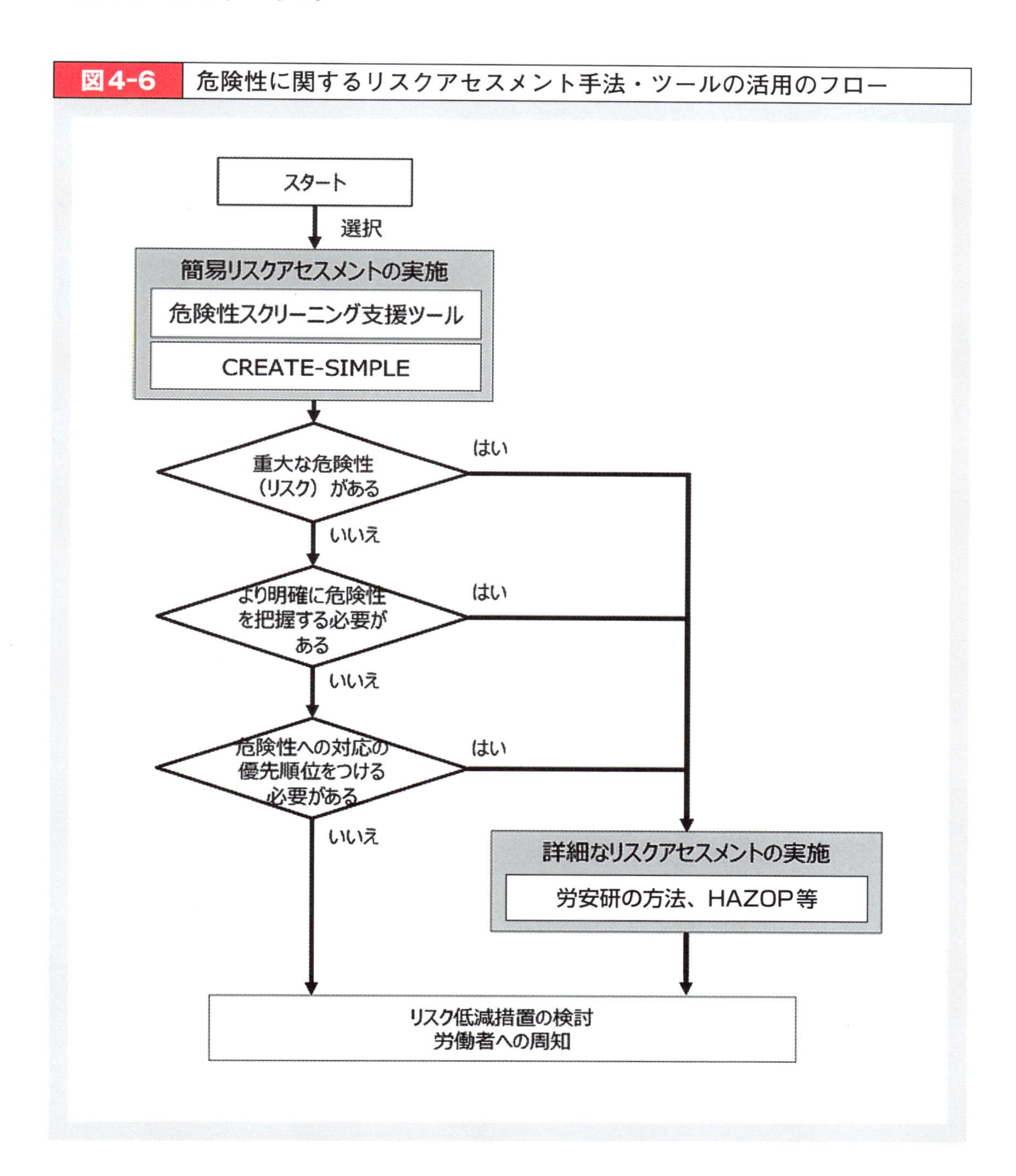

5 リスク低減対策を検討する場合の留意点

リスク低減に要する負担がリスク低減による労働災害防止効果と比較して大幅に大きく、両者に著しい不均衡が発生する場合であって、措置を講じることを求めることが著しく合理性を欠くと考えられるときを除き、可能な限り高い優先順位のリスク低減措置を実施する必要がある。

また、死亡、後遺障害または重篤な疾病をもたらすおそれのあるリスクに対して、適切なリスク低減措置の実施に時間を要する場合は、暫定的な措置をただちに講ずるほか、検討したリスク低減措置の内容を速やかに実施するよう努める必要がある。

さらに、リスク低減措置を講じた場合には、当該措置を講じた後に見込まれるリスクも見積もることが望ましいことは言うまでもない。

第5章

リスク低減措置（実用）

- 化学物質の危険性に対するリスク低減措置は、まずは燃焼の３要素を取り除くこと、および異状反応を起こすおそれがあるときは、それを防ぐこと
- 化学物質の健康影響に対するリスク低減措置は、第４章に述べたとおりであるが、工学的対策では、①局所排気装置、②プッシュプル型換気装置の設置、が基本。それら機器が正常に稼働していることの確認が大切

1 化学物質の危険性に対するリスク低減措置

リスクアセスメントを実施した結果、火災・爆発等の発生に至るシナリオに対するリスクレベルが高ければ、追加のリスク低減措置を検討・実施する。

その際、まず、SDSに記載されている対策等を確認し、化学物質取扱作業の内容や作業条件（作業環境）に合わせた対策を実施する。次に、リスクアセスメントにより得られた火災・爆発等の発生につながるシナリオの進展を防ぐ（リスクレベルを下げる）ためのリスク低減措置について検討する。

一般に火災・爆発等が発生する条件は、

❶ **燃焼の３要素が揃う（２種類の不安全状態が同時に発生する）**

❷ **異常反応（暴走反応、混合危険）が起こる**

の２点が考えられる。これらを防止するためのリスク低減措置を検討し実施することになる。化学物質の製造事業場以外の事業場の化学物質管理者としては、燃焼の３要素のうちのどれか１つを除去することを考えれば良いのではないかと思う。

（1）燃焼の３要素が揃うことを防ぐ（不安全状態となるのを防ぐ）

化学物質の危険性（火災・爆発）のリスク低減対策の基本は、**第３章**の図3-2に示した燃焼の３要素のいずれかを取り除くことである。

そのためには、火災・爆発等の発生に至るシナリオの進展をできるだけ早い（影響が小さい）段階で止めることであり、次の順序で検討することによって、火災・爆発等の発生に至るシナリオの発生頻度を下げるとともに、火災・爆発等の発生による重篤度を下げることができる。

火災・爆発への対策

※表4-2の通りであるが改めて載せる

① **異常発生防止対策**

主に原因系（引き金事象）の発生を防ぐための対策であり、設備・装置・道具に不具合を生じさせない、作業者がミスをしても正常な状態に保つ（爆発性雰囲気を形成させない、着火源を発現させない等）こと。

② **事故発生防止対策**

爆発性雰囲気が形成される作業場所で着火源が発現しないようにすること、着火源が発現している作業場に爆発性雰囲気が流れ込まないようにすること。

③ **被害の局限化対策**

たとえ火災・爆発が発生しても、それによる影響をできる限り小さくすること（建屋や設備の被害および周辺住民への被害を軽減する、または避難等により作業員が被災するのを防ぐ等）。

④ **異常発生検知手段**

爆発性雰囲気の形成や着火源の発現を検知すること。

塗装作業等の開放系作業では空気（酸素）を除去することはできないため、可燃物（爆発性雰囲気）の除去と着火源の除去について考えると良い。

可燃性の粉じんを取り扱っている場合には粉じん爆発の発生防止策の検討も必要となる。

化学プラント等の密閉系の装置に対しては、「不活性ガスによる置換・シール」等を行う。これらは化学物質取扱作業において不安全状態となることを避けることを目的としている。

リスク低減措置は８種類に分類（表5-1）することができ、作業条件に合わせてすべての対策を検討することが必要である。

表5-1 火災・爆発の着火源となる要因と対策例

種類		着火源となる要因	対策の例
電気的着火源	電気火花	・加熱装置・自動温度調節器等のリレー接点に飛ぶ電気火花 ・照明用機器の破壊の際のアーク ・電気溶接用ノズルのアーク非防爆型の電気機器や漏電している電気機器の火花 ・非防爆機器（携帯電話、スマートフォン等）の使用 ・加熱装置・自動温度調節器等のリレー接点に飛ぶ電気火花 ・照明用機器の破壊の際のアーク ・電気溶接用ノズルのアーク非防爆型の電気	・防爆構造の電気機器類の使用
	静電気火花	・物体に電荷が蓄積し帯電が起こり、その電荷によって形成された電界強度がある程度以上になると、絶縁破壊を起こし、静電気火花（放電）が発生する	・すべての導体の接地 ・作業者の接地と帯電防止 ・不導体の排除 ・電荷発生の抑制 ・除電・静電気に関連した測定
高　温 着火源	高温表面	・電熱器、加熱導管、高温金属等の露出した高温表面 ・溶接・ガス切断等の時に飛び散る火の粉 ・溶接・切断を行っている鋼板の裏側表面 等	・高温装置の保守点検、過負荷の有無の監視（センサー） ・設備・装置における機械的摩擦による高温部の有無の監視 ・溶接・ガス切断等の作業の適切な制限
	熱輻射	・物質が燃焼している近く ・電熱器やボイラの近く ・焦点を結んだ太陽光線 等	・周囲からの高温物の除去 ・遮熱材の使用
衝撃的 着火源	衝撃・摩擦	・金属（特に軽金属合金製）同士の打撃・衝撃 ・運動部への異物の混入による摩擦 等 ・流動摩擦	・軽金属合金製品の使用の禁止 ・設備・装置内の可燃物・異物の除去 ・流動摩擦対策「バルブをゆっくり操作」、「系内の可燃物の除去（清掃）」等
	断熱圧縮	・配管等の閉空間への高圧ガスの急激な流入による断熱圧縮 等	・バルブをゆっくり操作 ・可燃物の除去（清掃）

物理化学的着火源	裸火	・厨房のコンロ ・暖房用のストーブ ・灯明 ・マッチ・ライター ・タバコの火 ・酸素アセチレン炎やトーチランプの炎 ・ボイラ ・各種の炉の中の燃料の燃焼炎 ・分析機器内の小火炎 等	・作業環境に応じた火気使用の制限 ・火気持ち込み等に関する十分な管理
	自然発火	・空気や水に触れると直ちに発火するもの ・可燃性物質自体の内部に化学反応熱が蓄積することによって着火する場合 等	・小分けによる蓄熱の防止 ・適切な温度管理（センサー） ・強制的な冷却の実施

爆発性雰囲気が形成されていても、着火源を発現させなければ燃焼の３要素が揃うことはなく、火災・爆発等の発生を防ぐことができる。一方、火気取扱作業（例えば、溶断作業）を行っている場所には着火源が存在しており、この場所に爆発性雰囲気が流れ込み、燃焼の３要素が揃う場合もある。このため、爆発性雰囲気形成防止対策と着火源防止対策の両方を実施することが望ましい。

なお、火気取扱作業に際しては、同作業場で行われている別の作業等において可燃性・引火性の物質が取り扱われていないか、注意を払う必要がある。

（2）異常反応（暴走反応、混合危険）を防ぐ

化学プラントでの異常反応が起こることを防ぐためには、反応温度・圧力の適切な制御、設備のメンテナンス（配管の腐食対策等も含む）、化学物質の適切な保管等が考えられる。リスクアセスメント対象物の製造事業場以外の事業場で選任される化学物質管理者の職務としては、このような事態は少ないと思う。

② 化学物質の健康有害性に対するリスク低減措置

化学物質の健康有害性に対するリスク低減措置の検討にあたっては、**第４章**の図4-1の順序で検討されることになるが、通常、次のような順序による対策が取られている。

健康有害性に対するリスク低減措置の順序

① 使用している化学物質そのものの使用をやめるか、より有害性の少ない他の溶剤に転換する（原材料の転換）
② 生産工程、作業方法を改良して発散を防ぐ
③ 消費量をできるだけ少なくする
④ 発散源となる設備を密閉構造にする
⑤ 自動化、遠隔操作で有機溶剤と作業者を隔離する
⑥ 局所排気・プッシュプル型換気で有機溶剤蒸気の拡散を防ぐ
⑦ 全体換気で希釈して有機溶剤蒸気の濃度を低くする

これらの方法のうち、①は最も根本的な対策でそれだけでも大きな効果が期待できるが、一般には、②の生産工程の改良によって発散を減らすとともに、⑥の局所排気を行って周囲への拡散を防ぐ、④の密閉設備または⑥の局所排気と⑦の全体換気を併用して密閉設備から漏れた蒸気または局所排気で捕捉しきれなかった蒸気を全体換気で希釈して濃度を下げ、作業者のばく露を減らすというように、複数の方法を組み合わせて実施するほうが少ないコストで高い効果を得られることが多い。

これらの中から具体的に対策を選ぶ際には、当該物質の種類、揮発性等の性質、消費量、作業の形態等によって対策の適・不適があり、同じ対策がいつでも同じ効果を生むとは限らないことに留意すべきである。

次に、リスクアセスメント対象物の製造事業場以外の事業場において選任される化学物質管理者に必要な「局所排気装置」、「プッシュプル型換気装置」等、工学的対策について述べることとする。

（1）局所排気装置

「局所排気装置」とは、有害物質が発散する作業場において、有害物質が作業場全体に拡散する前に、有害物質を含有する空気をできるだけ高濃度の状態で局所的に捕捉して、さらに清浄化して大気中に排出する装置である。

「局所排気装置」は、フード、吸引ダクト、空気清浄装置、排風機（ファン）、排気ダクト、排気口等から構成される（図5-1）。

図5-1　局所排気装置のイメージ

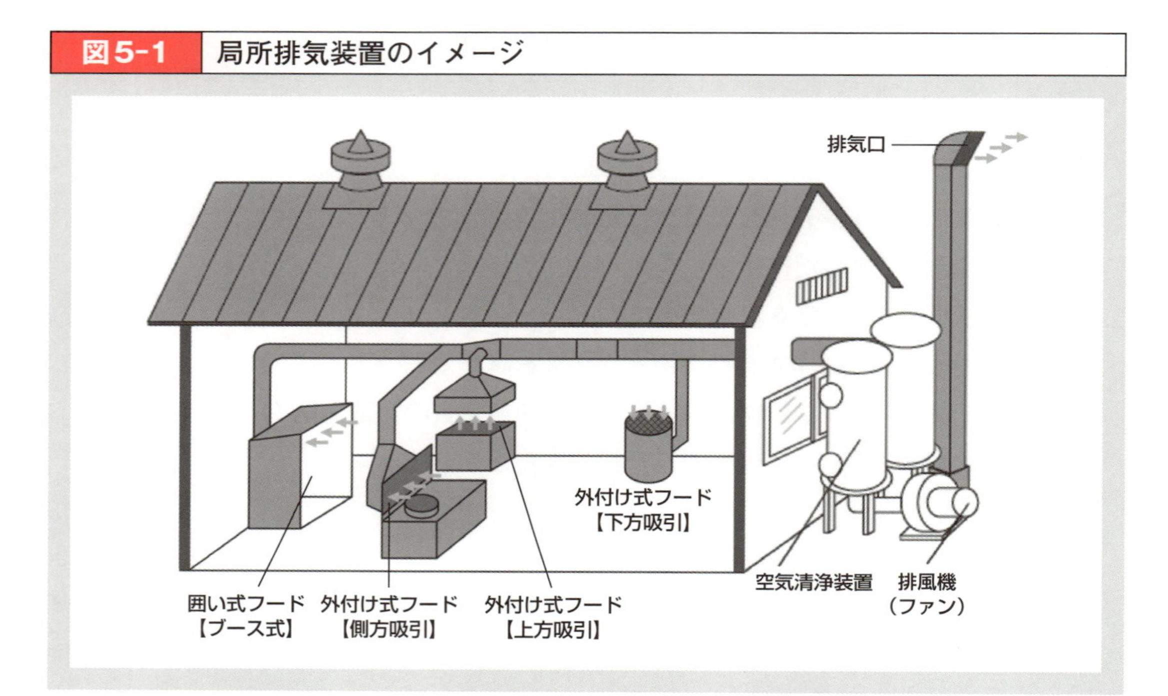

❶ フード

フードには、発生源を囲むか発生源に近い位置に設置し、有害物質を含有する空気をダクトに流入させるための吸引口で、「囲い式」、「外付け式」がある（図5-2）。

囲い式フード：

有害な化学物質は気流の力で吸引しようとするものであるから、囲い式フード（フードの中で有害な化学物質を取り扱う）が基本となることは心得ておくべきである。しかし、囲い式フードは、化学実験室のドラフトチャンバーのように、その中で作業することが基本となるため、適用できる作業が限られる。

図5-2　局所排気装置のフードの種類

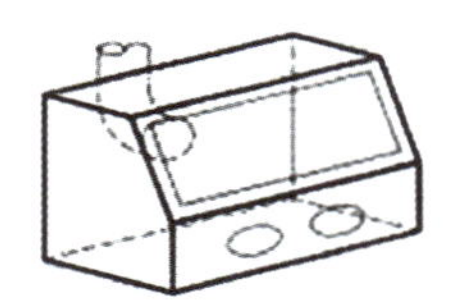

囲い式の例

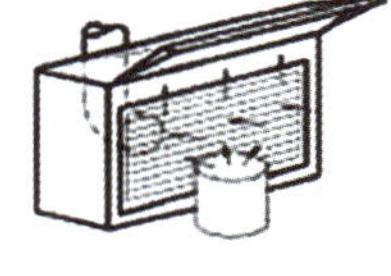

外付け式の例

レシーバー式の例

外付け式フード：

フードから離れた場所で有害な化学物質を取り扱う外付け式フードは、作業性を考えたときに、囲い式フードの利用が困難な場面のみで採用するフードと心得るべきである。その外付け式フードを採用した場合には、フードにできる限り近い位置で作業を行うことを徹底する必要がある。

局所排気装置の設計に当たっては、有機則や粉じん則では局所排気装置の性能が制御風速によって定められているし、特化則の多くの物質や鉛則ではいわゆる抑制濃度によって定められているが、その場合でも局所排気装置の設計上は当該濃度をクリアーするような風速が得られるよう設計する等、フードの外側の所定の位置での風速を確保することとなっている。したがって、フードから離れた位置で作業を行うことは、当該局所排気装置が有効に機能していないことになる。要するに、適切な使い方をしなければ効果は得られないことを、化学物質管理者は十分に認識すべきである。

捕捉フード・レシーバー式フード：

捕捉フードか、レシーバー式フード（有害な化学物質がフードに飛び込んでくる場合に採用するフード）かの選択、フードの形状の選択、吸引方向の決定等については、対象となる化学物質の拡散の仕方、挙動等の特性をよく踏まえて（例えば、有機溶剤は空気より比重が大きい、溶接ヒュームは熱を伴うため一定の高さまでは上昇する等）決める必要がある。

❷ ダクト

ダクトは、フードから流入した有害物質を含む空気を排気口に向かって搬送する管で、フードからファンまでの吸引ダクトおよびファンから排気口までの排気ダクトがある。

局所排気装置のダクトについては、長さができるだけ短く、ベントの数ができるだけ少ないものとしなければならない。

❸ 空気清浄装置

空気清浄装置は、有害物質を含有する空気を外気に排出する前に清浄化する装置で、粉じんを除去するための除じん装置およびガス、蒸気を除去するための排ガス処理装置がある。

❹ ファン

ファンは、フードから流入した空気をダクトや空気清浄装置を通して、排気口から大気中に排出するために必要なエネルギーを作る装置で、遠心式や軸流式等がある（図5-3参照）。

ファンは、原則として除じんまたは排ガス処理をした後の空気が通る位置に設けること。

❺ 給気

鉄筋コンクリート構造の建物等は、特に密閉度が高い。したがって、新たに局所排気装置を設置する場合には、建屋全体および設置してある区画内への給気は必ず検討すべきである。

❻ 制御風速

制御風速とは、有害物質を吸引するために必要となる風速のことをいい、囲い式フードにおいてはフード開口面上、外付け式フードにおいてはフードの開口面から最も離れた作業位置の風速を表す。有機則においては、外付け式フードや囲い式フード等のフードの形状に応じて制御風速が定められていて、制御風速を守れば有害物質が作業環境中に漏洩しないとされている。

図5-3　ファンの種類

ファンの種類	外観形状	羽根形状	構造
軸流ファン			 吐出し 吸込み
遠心ファン			 吐出し 360°方向 吸込み
ブロアファン (シロッコファン)			 吐出し 吸込み

特化則では、大部分の特定化学物質について、局所排気装置のフードの外側の、通常、労働者の立ち入る最も濃度が高まると考えられる一定の場所の濃度（以下「抑制濃度」という）を定めて、局所排気装置の性能を決めている。

⑦ 局所排気装置の性能の点検

局所排気装置が正常に稼働しているかの確認に当たっては、有機則のように「制御風速」で定められたものは、所定の位置での風速を測れば良いことになるが、特化則における多くの物質に関わる局所排気装置のように、性能が「抑制濃度」によって示されたものについては、設置時に確認した所定の位置の当該物質の濃度を一々測定することは事実上、無理と言わざるを得ない。

多くのリスクアセスメント対象物に係るリスク低減対策として設置される局所排気装置においても、日本産業衛生学会やACGHIのTLV-TWA等を参考に、特化則での抑制濃度と同じようにフード周辺の作業者の最も近づく位置での濃度でもって設計されることが多いと思う。その際の当該局所排気装置の性能の点検については、昭和58年7月18日付け基発第383号の記の２の記述が参考となる。同通達では「特定化学物質等障害予防規則等の規定により設ける局所排気装置の性能の判定要領」として、その別記２に抑制濃度で定められた局所排気装置の日常での性能判定に当たっての制御風速の使い方が記されている。

【通達の要点】

局所排気装置を設置したときは、所定の場所の濃度を測定し、当該局所排気装置が法令に定められた要件を満たしている（抑制濃度以下）ことを確認したあとの日常の点検では、次により制御風速を確認すれば良いとされている。

（別記２）

局所排気装置を作動させ、熱線風速計を用いて、次に定める位置における吸い込み気流の速度を測定する。

イ　囲い式フードまたはレシーバー式フード（キャノピー型のものを除く）の局所排気装置にあっては、次の図に示す位置

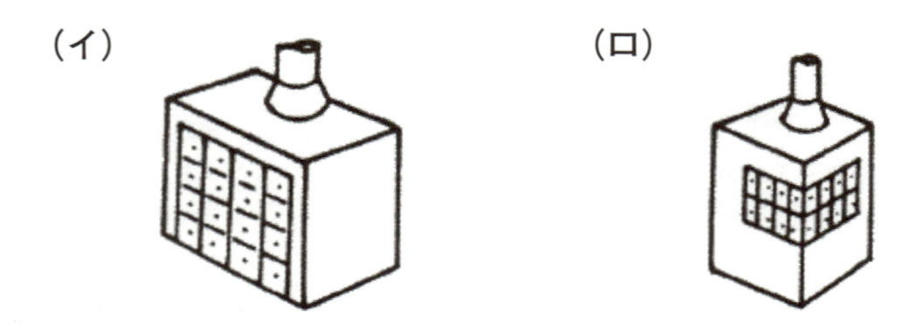

備考

①　•印は、フードの開口面をそれぞれの面積が等しく、かつ、一辺が0.5メートル以下となるように16以上（ただし、フードの開口面が著しく小さい場合はこの限りでない）に分割した各部分の中心であって、吸い込み気流の速度を測定する位置を表す。

②　図(イ)および(ロ)に示す型式以外の型式のフードの局所排気装置に係る位置については、同図に準ずるものとする。

ロ　外付け式フードまたはレシーバー式フード（キャノピー型のものに限る）の局所排気装置にあっては、次の図に示す位置

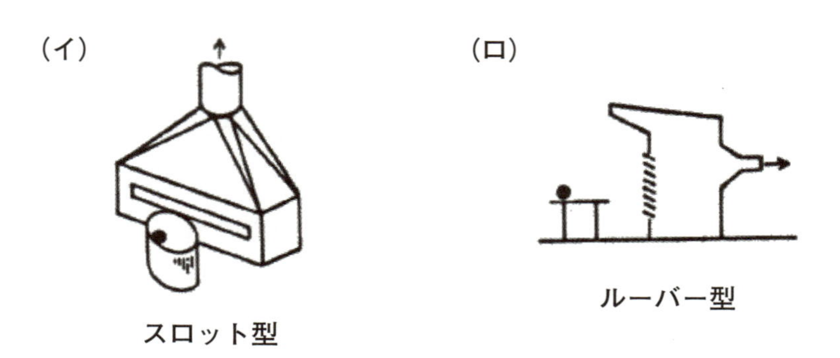

備考
① ●印は、フードの開口面から最も離れた作業位置であって、吸い込み気流の速度を測定する位置を表す。
② 図(イ)から(ホ)までに示す型式以外の型式のフードの局所排気装置に係る位置については、同図に準ずるものとする。

(2) プッシュプル型換気装置

「プッシュプル型換気装置」とは、有害物資の発散源を挟んで、吹出し用と吸込み用の2つのフードを向き合って設置する方式の換気装置で、吹出しフードをプッシュフード、吸込み用フードをプルフードと呼ぶことから、プッシュプル型換気装置といわれている。

プッシュプル型換気装置には、周囲を壁で囲い、外との空気の出入りをなくし作業室全体にプッシュプル気流をつくる「密閉式」と、周囲を囲わずにプッシュフードとプルフードを設けて室内の一部にプッシュプル気流をつくる「開放式」がある。

プッシュプル型換気装置は、化学物質が作業場に拡散する前に吸引して排気するという意味では、局所排気装置と同様の効果が得られる設備である。局所排気装置と異なるのは、吸い込む（プル）だけではなく、空気を吹き出す（プッシュ）設備も備えている点である。

吹き出し側の給気量と、吸い込み側の排風量のバランスをきちんと測って適切に設計すると、図5-4のような一様な気流の流れができる。このことによって得られる最大のメリットは、外付け式フードを採用した局所排気装置を利用して作業を行う場合よりも、作業を行える範囲（有害な化学物質を吸い込み作業場から排気できる範囲）が広がることである。外付け式フードはフード近辺の限られた部分のみが作業範囲だが、プッシュプル型換気装置は装置を設置した部屋全体が換気されるた

図5-4　プッシュプル型換気装置のイメージ

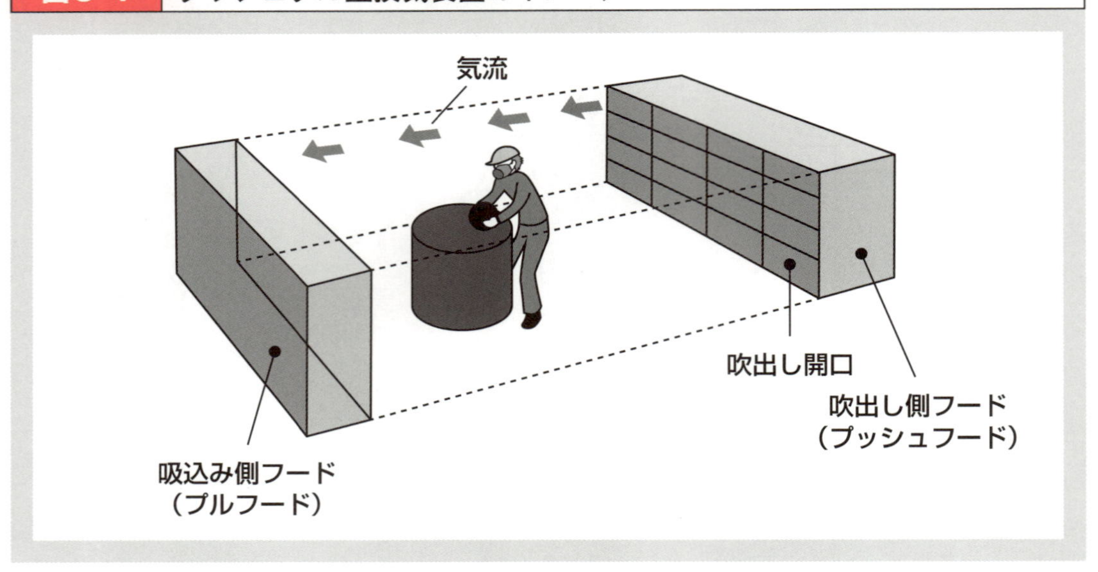

め、部屋の中の広い部分で作業を行える。また、局所排気装置よりも緩やかな風速でコントロールできるため、稼働に要するエネルギーの節約、過剰な原材料の消費を抑える等の効果も得られる。

有機則や特化則の規定により設けるプッシュプル型換気装置には厚生労働大臣が定める構造規格がある。構造規格では、プッシュプル気流は0.2 m/s以上とされているが、通常、平均0.3 m/s前後の緩やかな流れでコントロールされるので、発散源から出る有害物質をかき混ぜることなく換気することが可能となる。

（3）全体換気装置

有害物質からのばく露の低減化対策（衛生工学的対策）は、「設備の密閉化」や「局所排気装置」、「プッシュプル型換気装置」の設置が基本的であるが、次のような場合に「全体換気装置」が使われる。

❶　**広い作業場に発散源が散在しているとか、有害物質の発散源が移動する等、密閉や局所排気等の措置が著しく困難な場合**

❷　**臨時の作業を行う場合**

❸　**設備の密閉化や局所排気装置等の設置では十分に捕捉できなかった有害物質を希釈する場合**

❹　**作業環境中の有害物質の濃度が低い場合**

図5-5 全体換気のイメージ

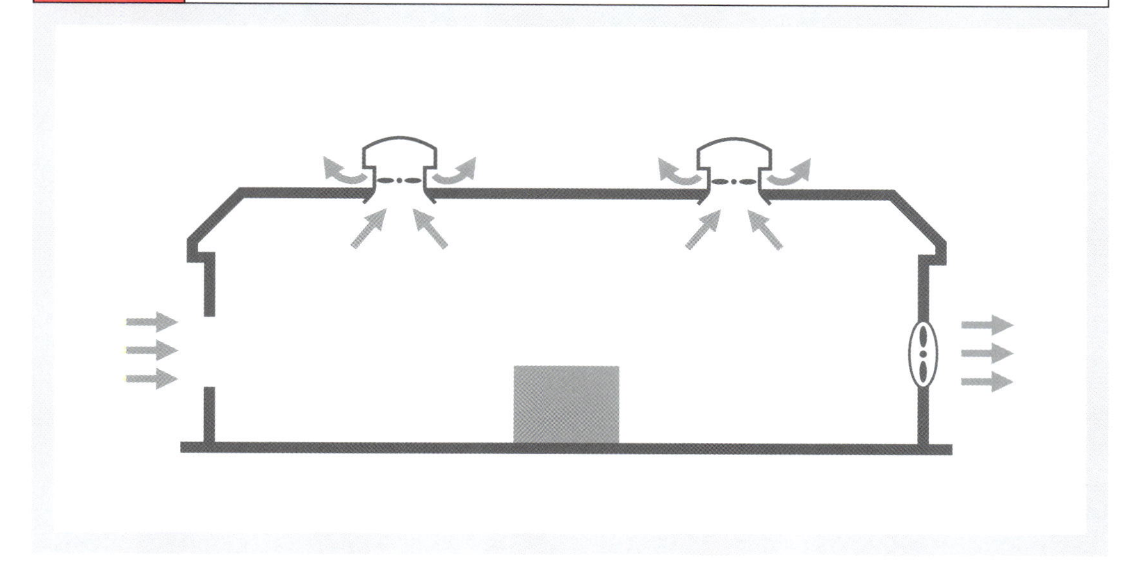

全体換気装置は、作業場外から清浄な空気を取り込み、作業場内で発散している有害物質と混合・希釈しながら作業場外に排出し、作業場内の有害物質の濃度が有害な程度にならないように下げて、作業者のばく露を少なくする換気方法である。作業場内全体を換気することから全体換気装置と呼ばれているが、その機能から「希釈換気装置」と呼ばれることもある。

有害物質の濃度を薄めるものであり、汚染空気の除去・排出という点では、局所排気装置やプッシュプル型換気装置よりも劣る。したがって補助的な手段であって、根本的な改善手段ではない。

全体換気の換気方式には、次の３つの方法がある。作業場の実態に適合した換気方式を選択することになる。

❶ 空気の取り込みと排出を機械ファンによって行う（第１種換気）

この場合、送風機と排風機のそれぞれの能力に差をつけることで、作業場内を負圧にも陽圧にもすることができる。

❷ 吸気を機械ファンにより強制的に行い、排気は自然換気で行う（第２種換気）

この場合、作業場内が陽圧になり、作業場へ有害物質が流入してくるのを防止できる。

❸ 排気を機械ファンにより強制的に行い、給気は自然換気で行う（第３種換気）

通常の全体換気において最も多く見受けられる方式であるが、この場合、作業場内の圧力は負圧になるので、有害物質が作業場外へ漏出するのが防止できる。

図5-6 換気方式

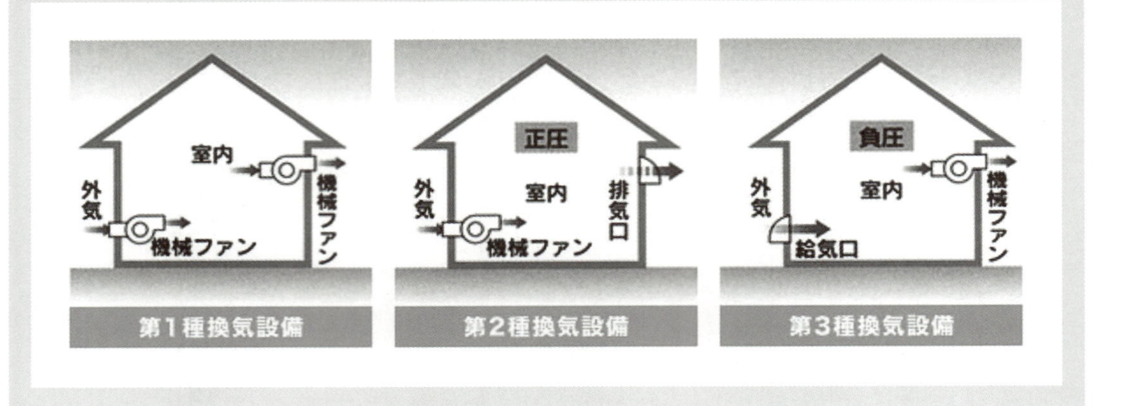

全体換気装置の留意点

① 汚れた空気を作業場から排出するのに十分な換気量を確保する。少なくとも1時間に10回の空気交換を行う

② 新鮮な空気の取り入れ口が確保できるか確認する。確保できない場合は、屋外での作業または局所排気装置を導入する。ただし、扉と窓を開けるか、ファンを使って換気しても効果があることがある

③ ファンはできるだけ低い位置に設置する

④ 発散源をできるだけファンの近くに集めるようにする

⑤ 発散源より風下で作業しない

⑥ 工場の建物内で作業する場合は、壁に取り付けられたファンを回して汚れた空気を排気し、中空レンガ、通気窓、または天井の通気孔から新鮮な空気を作業場に入れて、空気を循環させるようにする。汚れた空気を作業場から出すより、ファンを使って新鮮な空気を作業者に当てるほうが有効な場合もある

⑦ 新鮮な空気の取り入れ口の近くに汚れた空気を排気しないようにする

⑧ 屋外では、汚れた空気が風下にくるように作業する

第6章

個人用保護具

- 個人用保護具の使用は、リスク低減措置として取るべき順序としては最も後順位とされているが、人が作業を行う限り、避けては通れない重要なことである
- 事業場としては、個人用保護具（以下「保護具」）を準備し、的確な管理を行うことが求められるが、当該保護具を使用する作業者が正しく使用できなければならない。そのための教育・訓練が大切である
- 化学物質管理者は、法令に基づいて選任される「保護具着用管理責任者」を指揮して、個人用保護具が的確に使用されるように管理する

リスク低減措置の実施にあたっては、**第４章**に述べたように、①本質安全化、②工学的対策、③管理的対策、④有効な保護具の使用という優先順位に従い、対策を検討、労働者のばく露の程度を濃度基準値の定められた物質については、その濃度以下、濃度基準値の定められていない物質については最低限度とすることを含めたリスク低減措置を実施する。その際、保護具については、適切に選択され、使用されなければ効果を発揮しないことを踏まえ、本質安全化、工学的対策等の信頼性と比較し、優先順位が最も低く設定されていることに留意する必要がある。

とはいえ保護具の使用は頻繁にあると思われる。その際、保護具の適切な使用にあたっては、確認測定により、保護具の使用を除くリスク低減措置を講じても、なお、労働者の呼吸域における物質の濃度が当該物質の濃度基準値を超えること等、リスクが高いことを把握した場合、有効な呼吸用保護具を選択し、労働者に適切に使用させる必要がある。

さて、（個人用）保護具は、英語ではPersonal Protective Equipmentといい「PPE」と略称される。リスクアセスメント対象物に係るリスク

低減措置として保護具を使用する場合は、安衛則第12条の6第1項に基づいて選任された「保護具着用管理責任者」が現場を管理することとなるから、化学物質管理者は、保護具着用管理責任者に必要な指示を行い、リスク低減措置が的確に行われていることを確認することが職務となろう（**第1章**の図1-1参照）。

したがって、本章では化学物質管理者が、作業者への具体的かつ適切な管理を行う者である保護具着用管理責任者に具体的かつ適切な指示を行う際に参考となる内容について述べることとする。

なお、労働衛生保護具については、令和5年5月25日付け基発0525第3号「防じんマスク、防毒マスク及び電動ファン付き呼吸用保護具の選択、使用等について」および平成29年1月12日付け基発0112第6号「化学防護手袋の選択、使用等について」に、使用にあたっての留意事項が示されているので、それらの通達に従って選択・使用する必要がある。

1 保護具使用の原則

作業者が化学物質にばく露する経路は、吸入のみではなく、皮膚や眼への直接な接触も多い。皮膚や眼への刺激性または皮膚感作性がある化学物質を取り扱う場合には、適切な化学防護手袋・化学防護服や保護めがねが必要になる。皮膚を保護することは、皮膚を通して化学物質が体内に侵入することを防ぐ目的もある。直接的な接触の場合に保護具が必要であることは明らかである。化学物質管理者は、これらの保護具使用の原則を心得ておく必要がある。

防じんマスク、5種類（ハロゲンガス用、有機ガス用、一酸化炭素用、アンモニア用、亜硫酸ガス用）の防毒マスク、防じん機能を有する電動ファン付き呼吸用保護具のほか、5種類の防毒機能を有する電動ファン付き呼吸用保護具については、安衛法第42条の規定により厚生労働大臣の定める構造規格を具備したものでなければ譲渡・提供することはできないこととされており、それらは同法第44条の2の規定による型式検定がある。それらの呼吸用保護具を使用する者は、当該検定に合格したものを使用しなければならない（安衛則第27条）。

なお、日本産業規格（JIS）においても多くのJIS規格が制定されている。その主なものは表6-1のとおりである。労働衛生保護具では、安衛法に基づく型式検定のあるもの（表6-1内の太字）については当該合格品を使用することになるが、型式検定のないものについてはJIS規格に適合したものを使用することが推奨されている。

表6-1　労働衛生保護具に関わる主な日本産業規格（JIS）

規格	名称
JIS T 8151	**防じんマスク**
JIS T 8152	**防毒マスク**
JIS T 8153	送気マスク
JIS T 8154	**有毒ガス用電動ファン付き呼吸用保護具**
JIS T 8155	空気呼吸器
JIS T 8157	**電動ファン付き呼吸用保護具**
JIS T 8115	化学防護服
JIS T 8116	化学防護手袋
JIS T 8117	化学防護長靴
JIS T 8147	保護めがね

また、保護具の選定にあたっては、表6-2の事項を確認する必要がある。

表6-2 保護具選定の際に考慮すべき事項

確認事項	留意すべき事項
使用する化学物質の確認	使用する化学製品について、ラベルやSDSを確認して、危険・有害性や事故時の対応等について情報を収集・整理する。SDSには保護具について記載があるが、情報が古いことや具体的な情報が不足することが多いので注意が必要である。
取扱い製品の状態の確認	化学製品を取り扱う際に、化学物質が粒子状物質として飛散するか、塗料のように液体であって、成分の有機溶剤が揮発して蒸気ガスになっているか、スプレー塗装のように霧状の細かい液滴とガスの混合物であるか等、詳細な状況を確認する。
作業場の環境の確認	気温が高ければ、塗料等の液体からより多くの有機溶剤が揮発する。環境中の温度は作業者のばく露濃度が上昇する重要な因子である。また、狭い部屋や囲い込みの中での作業では濃度が高くなる。局所排気設備がある場合には有効に作動していることを確認する。
作業内容の確認	作業内容に応じて必要な保護具の形状や性能が変わるため、作業に伴う活動の状況を把握する。
保護具メーカー等の情報や助言の確認	不明点があれば保護具メーカーや保護具アドバイザーの資格を有する者に相談の上、適切な保護具に関する情報や助言を受ける。

2 呼吸用保護具

（1）呼吸用保護具の種類

呼吸用保護具には、図6-1の種類がある。当該呼吸用保護具が使用される環境や作業によって適切なものを選択・使用する必要がある。

図6-1 呼吸用保護具の種類

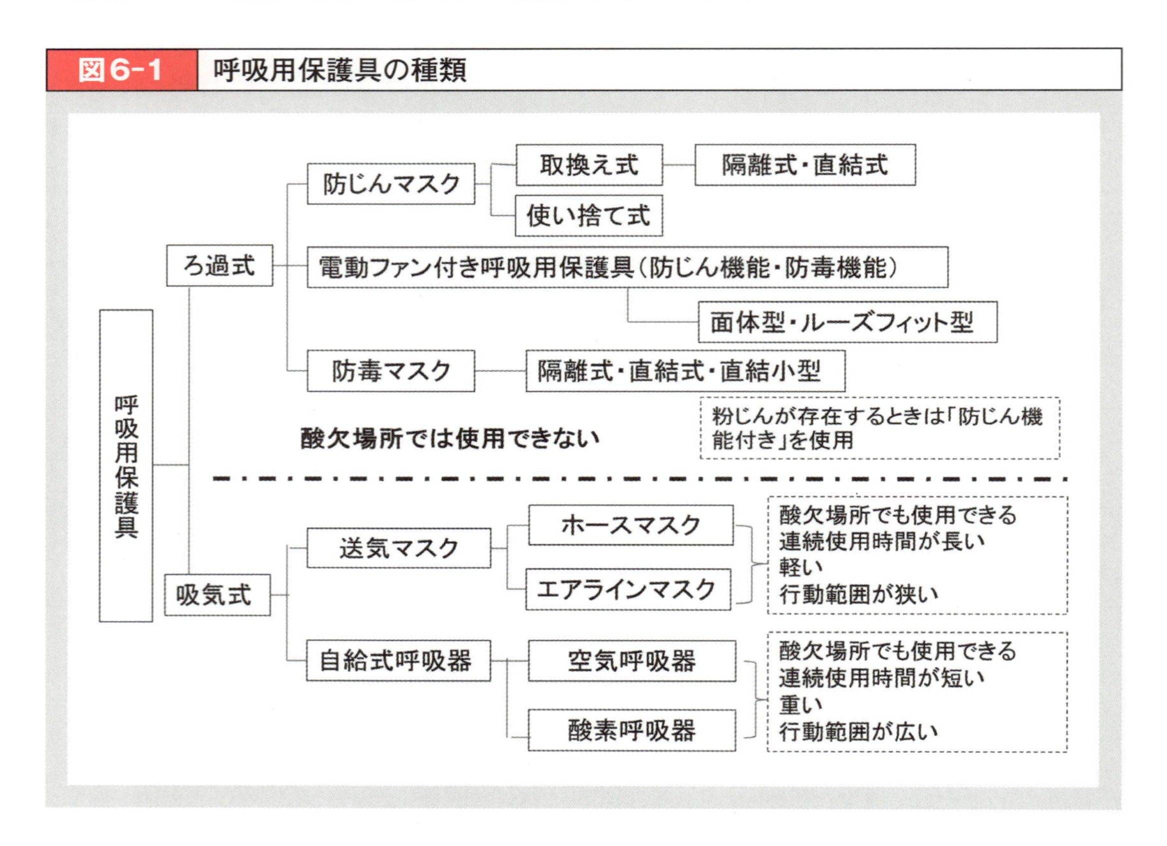

（2）呼吸用保護具の選択

❶　あらかじめ作業場所に酸素欠乏のおそれがないことを確認する。酸素欠乏またはそのおそれがある場所および有害物質の濃度が不明な場所では、当該作業場所の空気を清浄にして呼吸する「ろ過式呼吸用保護具」を使用できない

❷　酸素欠乏のおそれがある場所では、JIS T 8150「呼吸用保護具の選択、使用及び保守管理方法」を参照し、「給気式呼吸用保護具」であって指定防護係数

が1000以上の全面形面体を有する循環式呼吸器、空気呼吸器、エアラインマスク、ホースマスクの中から有効なものを選択する。指定防護係数は、令和５年５月25日付け基発0525第３号の別表１～３に示されている

❸ 防じんマスクおよび防じん機能を有する電動ファン付き呼吸用保護具（P-PAPR）は、粒子状物質のみに対応しているから、酸素濃度18％以上の場所であっても、有害なガスおよび蒸気（有毒ガス等）が存在する場所においては使用しないこと。このような場所では、防毒マスク、防毒機能を有する電動ファン付き呼吸用保護具（G-PAPR）または給気式呼吸用保護具を使用する

❹ 粉じん作業であっても、他の作業の影響等によって有毒ガス等が流入するような場合には、改めて作業場の作業環境の評価を行い、適切な防じん機能を有する防毒マスク、防じん機能を有するG-PAPRまたは給気式呼吸用保護具を使用する（図6-2参照）

❺ 安衛則第280条第１項において、引火性の物の蒸気または可燃性ガスが爆発の危険のある濃度に達するおそれのある箇所において電気機械器具（電動機、変圧器、コード接続器、開閉器、分電盤、配電盤等の電気を通ずる機械、器具その他の設備のうち配線および移動電線以外のもの）を使用するときは、当該蒸気またはガスに対しその種類および爆発の危険のある濃度に達するおそれに

図6-2　呼吸用保護具の選択方法

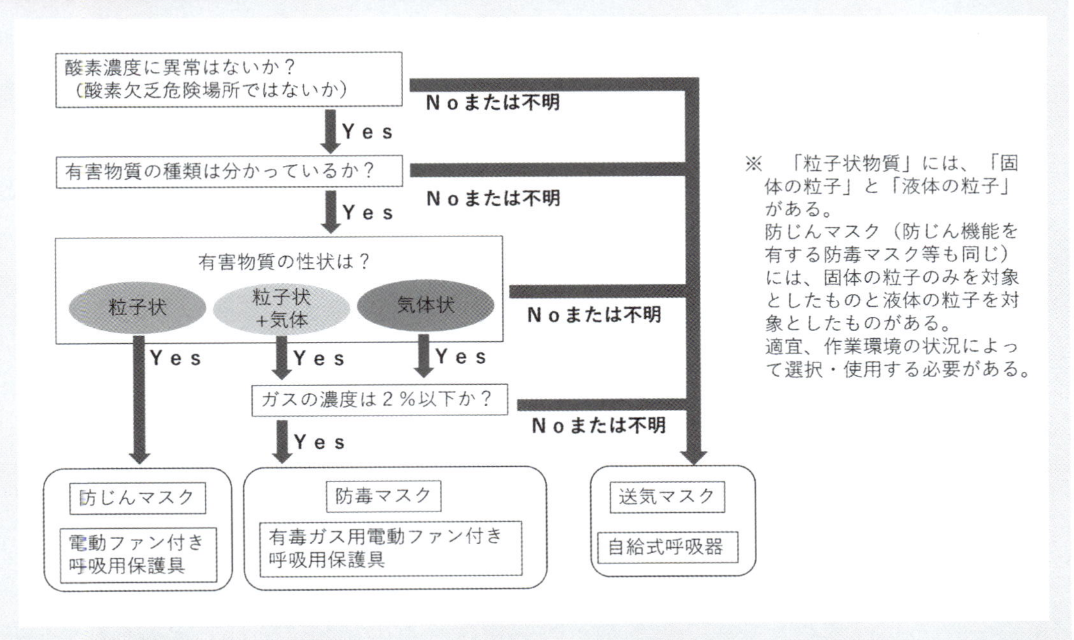

応じた防爆性能を有する防爆構造電気機械器具でなければ使用してはならない旨規定されており、非防爆タイプの電動ファン付き呼吸用保護具を使用してはならないこと。また、引火性の物には、常温以下でも危険となる物があることに留意する

⑥ 安衛則第281条第１項または第282条第１項において、それぞれ可燃性の粉じん（マグネシウム粉、アルミニウム粉等爆燃性の粉じんを除く）または爆燃性の粉じんが存在して爆発の危険のある濃度に達するおそれのある箇所および爆発の危険のある場所で電気機械器具を使用するときは、当該粉じんに対し防爆性能を有する防爆構造電気機械器具でなければ使用してはならない旨規定されており、非防爆タイプの電動ファン付き呼吸用保護具を使用してはならない

（3）要求防護係数を上回る指定防護係数を有する呼吸用保護具の選択

❶ 濃度基準値が設定されている物質については、技術上の指針の３から６に示された方法により測定した当該物質の濃度を用い、技術上の指針の７－３に定められた方法により算出された要求防護係数を上回る指定防護係数を有する呼吸用保護具を選択すること

❷ 濃度基準値または管理濃度が設定されていない物質で、化学物質の評価機関によりばく露限界の設定がなされている物質については、原則として、技術上の指針の２－１（３）および２－２に定められたリスクアセスメントのための測定を行い、技術上の指針の５－１（２）アに定められた８時間時間加重平均値を８時間時間加重平均のばく露限界（TWA）と比較し、技術上の指針の５－１（２）イに定められた15分間時間加重平均値を短時間ばく露限界値（STEL）と比較し、要求防護係数を求める。

なお、要求防護係数の求め方は、次による。

$$要求防護係数（PFr）= \frac{C}{C_0}$$

C ：測定の結果得られた化学物質の濃度

C_0：化学物質の濃度基準値（有害物質のばく露限界値を含む）

さらに、求めた要求防護係数と呼吸用保護具の種類に応じて定められている

指定防護係数を比較し、要求防護係数より大きな値の指定防護係数を有する呼吸用保護具を選択する

❸ 有害物質の濃度基準値やばく露限界に関する情報がない場合は、化学物質管理者、化学物質管理専門家をはじめ、労働衛生に関する専門家に相談し、適切な指定防護係数を有する呼吸用保護具を選択する

❹ なお、金属アーク溶接等、作業を行う事業場においては、「金属アーク溶接等作業を継続して行う屋内作業場に係る溶接ヒュームの濃度の測定の方法等」（アーク溶接告示）に定められた方法により、第三管理区分場所においては、「第三管理区分に区分された場所に係る有機溶剤等の濃度の測定の方法等」（第三管理区分場所告示）に定める方法により濃度の測定を行い、その結果に基づき算出された要求防護係数を上回る指定防護係数を有する呼吸用保護具を使用しなければならない

（4）呼吸用保護具の選択に当たって留意すべき事項

❶ 有害物質を直接、取り扱う作業者について、作業環境中の有害物質の種類、作業内容、有害物質の発散状況、作業時のばく露の危険性の程度等を考慮した上で、必要に応じ呼吸用保護具を選択、使用すること

❷ 防護性能に関係する事項以外の要素（着用者、作業、作業強度、環境等）についても考慮して呼吸用保護具を選択する。なお、呼吸用保護具を着用しての作業は、通常より身体に負荷がかかることから、着用者によっては、呼吸用保護具着用による心肺機能への影響、閉所恐怖症、面体との接触による皮膚炎、腰痛等の筋骨格系障害等を生ずる可能性がないか、産業医等に確認する

❸ 保護具着用管理責任者に、呼吸用保護具の選択に際して、目の保護が必要な場合は、全面形面体またはルーズフィット形呼吸用インタフェースの使用が望ましいことに留意させること

❹ 保護具着用管理責任者に、作業において、事前の計画どおりの呼吸用保護具が使用されているか、着用方法が適切か等について確認させること

（5）呼吸用保護具の適切な装着

面体を有する呼吸用保護具については、着用する労働者の顔面と面体とが適切に

密着していなければ、呼吸用保護具としての本来の性能が得られない。特に、着用者の吸気時に面体内圧が陰圧（すなわち、大気圧より低い状態）になる防じんマスクおよび防毒マスクは、着用する労働者の顔面と面体とが適切に密着していない場合は、粉じんや有毒ガス等が面体の接顔部から面体内へ漏れ込むことになる。

また、通常の着用状態であれば面体内圧が常に陽圧（すなわち、大気圧より高い状態）になる面体形の電動ファン付き呼吸用保護具であっても、着用する労働者の顔面と面体とが適切に密着していない場合は、多量の空気を使用することになり、連続稼働時間が短くなり、場合によっては本来の防護性能が得られない場合もある。

呼吸用保護具が適切に装着されているかの確認には、①呼吸用保護具を着用した直後に着用者によって面体と顔面とのフィット状態が良好であることを確認する「フィットチェック（シールチェック）」と、②事業者が使用させようとする呼吸用保護具の面体が労働者に適していることを測定によって確認する「フィットテスト」がある。

❶ フィットチェック（シールチェック）の実施

フィットチェックは、呼吸用保護具を着用した直後に着用者によって面体と顔面とのフィット状態が良好であることを確認するもので、面体の装着ごとに着用者が行うルーチンの検査である。そのシールチェックは、ろ過式呼吸用保護具（電動ファン付き呼吸用保護具については、面体形のみ）の取扱説明書に記載されている内容に従って行うことが必要である。

シールチェックの主な方法には、陰圧法と陽圧法がある。

陰圧法によるシールチェック

面体を顔面に押しつけないように、フィットチェッカー等を用いて吸気口をふさぐ（連結管を有する場合は、連結管の吸気口をふさぐ、または連結管を握って閉塞させる）。

息をゆっくり吸って、面体の顔面部と顔面との間から空気が面体内に流入せず、面体が顔面に吸いつけられることを確認する。

吸いよせられない場合には漏れがあることになるから、面体の位置やしめひもの強さを調整して漏れがなくなるようにする。

陽圧法によるシールチェック

面体を顔面に押しつけないように、フィットチェッカー等を用いて排気口をふさぐ。息を吐いて、空気が面体内から流出せず、面体内に呼気が滞留することによって面体が膨張することを確認する。

❷ フィットテストの実施

すでに法令の上では、金属アーク溶接等作業を行う作業場所においてはアーク溶接告示で定める方法により、第三管理区分場所においては第三管理区分場所告示に定める方法により、１年以内ごとに１回、定期に、フィットテストを実施しなければならないこととされている。

それ以外の事業場であって、**リスクアセスメントに基づくリスク低減措置として呼吸用保護具を労働者に使用させる事業場においては、次の方法により１年以内ごとに１回、フィットテストを行う**。

呼吸用保護具（面体を有するものに限る）を使用する労働者について、JIS T 8150に定められた方法またはこれと同等の方法により当該労働者の顔面と当該呼吸用保護具の面体との密着の程度を示す係数（フィットファクタ）を求め、当該フィットファクタが要求フィットファクタを上回っていることを確認する方法とすること。

なお、フィットファクタは、次の式により計算する。

$$フィットファクタ（FF）= \frac{C_{out}}{C_{in}}$$

C_{out}：呼吸用保護具の**外側**の測定対象物質の濃度
C_{in} ：呼吸用保護具の**内側**の測定対象物質の濃度

この場合の要求フィットファクタは、表6-3のとおりである。

第6章 個人用保護具

表6-3 要求フィットファクタおよび使用できるフィットテスト

面体の種類	要求フィットファクタ	フィットテストの種類	
		定性的フィットテスト	定量的フィットテスト
全面形面体	500	—	
半面形面体	100	○	○

注記：半面形面体を用いて定性的フィットテストを行った結果が合格の場合、フィットファクタは100以上とみなす。

フィットテストには、計測装置を用いる「定量的フィットテスト」と、甘味・苦味等の試験物質を利用する「定性的フィットテスト」がある。定性的フィットテストではフィットファクタを計算できないから評価結果を数値化する必要がある。詳しくは定性的フィットテストの取り扱い方法を含めてJIS T 8150に示されている。

（6）呼吸用保護具の保守管理

❶ ろ過式呼吸用保護具の保守管理について、取扱説明書に従って適切に行うほか、交換用の部品（ろ過材、吸収缶、電池等）を常時備え付け、適時、交換できるようにする

❷ 呼吸用保護具を常に有効かつ清潔に使用するため、使用前に次の点検を行うこと。吸気弁、面体、排気弁、しめひも等に破損、亀裂または著しい変形がないこと

・吸気弁および排気弁は、弁および弁座の組合せによって機能するものであることから、これらに粉じん等が付着すると機能が低下することに留意する。

・排気弁に粉じん等が付着している場合には、相当の漏れ込みが考えられるので、弁および弁座を清掃するか、弁を交換する。

・弁は、弁座に適切に固定されていること。また、排気弁については、密閉状態が保たれていること。

・ろ過材および吸収缶が適切に取り付けられていること。

・ろ過材および吸収缶に水が侵入したり、破損（穴あき等）または変形がないこと。

・ろ過材および吸収缶から異臭が出ていないこと。

・ろ過材が分離できる吸収缶にあっては、ろ過材が適切に取り付けられていること。

・未使用の吸収缶は、製造者が指定する保存期限を超えていないことおよび包装が破損せず気密性が保たれていることを確認する。

❸ ろ過式呼吸用保護具を常に有効かつ清潔に保持するため、使用後は粉じん等および湿気の少ない場所で、次の点検を行うこと

・ろ過式呼吸用保護具の破損、亀裂、変形等の状況を点検し、必要に応じ交換すること。

・ろ過式呼吸用保護具およびその部品（吸気弁、面体、排気弁、しめひも等）の表面に付着した粉じん、汗、汚れ等を乾燥した布片または軽く水で湿らせた布片で取り除くこと。なお、著しい汚れがある場合の洗浄方法、電気部品を含む箇所の洗浄の可否等については、製造者の取扱説明書に従うこと。

・ろ過材の使用に当たっては、

①ろ過材に付着した粉じん等を取り除くために、圧搾空気等を吹きかけたり、ろ過材を叩いたりすることは、ろ過材を破損させるほか、粉じん等を再飛散させることとなるので行わないこと

②取扱説明書等に、ろ過材を再使用すること（水洗いして再使用することを含む）ができる旨が記載されている場合は、再使用する前に粒子捕集効率および吸気抵抗が当該製品の規格値を満たしていることを、測定装置を用いて確認すること

❹ 吸収缶に充填されている活性炭等は吸湿または乾燥により能力が低下するものが多いため、使用直前まで開封しないこと。また、使用後は上栓および下栓を閉めて保管すること。栓がないものにあっては、密封できる容器または袋に入れて保管すること

❺ 電動ファン付き呼吸用保護具の保守点検に当たっては、

①使用前に電動ファンの送風量を確認することが指定されている電動ファン付き呼吸用保護具は、製造者が指定する方法によって使用前に送風量を確認すること

②電池の保守管理について、充電式の電池は電圧警報装置が警報を発する等、製造者が指定する状態になったら再充電すること。なお、充電式の電池は、

繰り返し使用していると使用できる時間が短くなることを踏まえて、電池の管理を行うこと

❻ 点検時に次のいずれかに該当する場合には、ろ過式呼吸用保護具の部品を交換し、またはろ過式呼吸用保護具自体を廃棄する

・ろ過材については、破損した場合、穴が開いた場合、著しい変形を生じた場合またはあらかじめ設定した使用限度時間に達した場合。

・吸収缶については、破損した場合、著しい変形が生じた場合またはあらかじめ設定した使用限度時間に達した場合。

・呼吸用インタフェース、吸気弁、排気弁等については、破損、亀裂もしくは著しい変形を生じた場合または粘着性が認められた場合。

・しめひもについては、破損した場合または弾性が失われ、伸縮不良の状態が認められた場合。

・電動ファン（または吸気補助具）本体およびその部品（連結管等）については、破損、亀裂または著しい変形を生じた場合。充電式の電池については、損傷を負った場合もしくは充電後においても極端に使用時間が短くなった場合または充電ができなくなった場合。

❼ 点検後、直射日光の当たらない、湿気の少ない清潔な場所に専用の保管場所を設け、管理状況が容易に確認できるように保管すること。保管の際、呼吸用インタフェース、連結管、しめひも等は、積み重ね、折り曲げ等によって、亀裂、変形等の異常を生じないようにすること

❽ 使用済みのろ過材、吸収缶および使い捨て式防じんマスクは、付着した粉じんや有毒ガス等が再飛散しないように容器または袋に詰めた状態で廃棄すること

化学防護手袋

(1) 不浸透性の保護具の使用

安衛則第594条の2では、化学物質のうち皮膚や眼に障害を与えるおそれのあるもの又は皮膚から吸収、皮膚に侵入して健康障害を生ずるおそれがあることが明らかなものを「皮膚等障害化学物質等」として、当該物を製造し、又は取り扱う業務に労働者を従事させるときは、不浸透性の保護衣、保護手袋、履物又は保護眼鏡等適切な保護具を使用させなければならないこととされている。

なお、ここでいう「皮膚等障害化学物質」には、有機則、特化則等により労働者に保護具を使用させなければならないこととされている物質は含まれない。

「皮膚等障害化学物質」は、「皮膚刺激性有害物質」と「皮膚吸収性有害物質」に分けられる。両方の性質を有するものもある。

図6-3 皮膚等障害化学物質

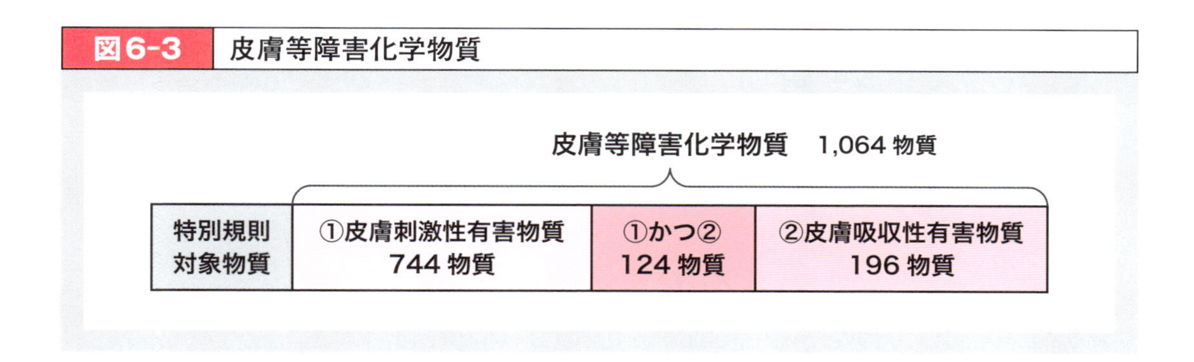

❶ **皮膚刺激性有害物質は、皮膚又は眼に障害を与えるおそれがあることが明らかな化学物質をいう。具体的には、GHS分類の「皮膚腐食性・刺激性」、「眼に対する重篤な損傷性・眼刺激性」及び「呼吸器感作性又は皮膚感作性」のいずれかで区分1に分類されているものをいう。通常、化学熱傷、接触性皮膚炎などの局所影響の場合が多い。**

❷ **皮膚吸収性有害物質は、皮膚から吸収され、もしくは皮膚に侵入して、健康障害のおそれがあることが明らかな化学物質をいう。具体的には次のものをいう。**

（i）国が公表するGHS分類の結果、危険性又は有害性があるものと区分された化学物質のうち、濃度基準値又はACGIH等が公表する職業ばく露限界値が設定されているものであって、次のアからウまでのいずれかに該当するもの

ア　ヒトにおいて、経皮ばく露が関与する健康障害を示す情報（疫学研究、症例報告、被験者実験等）があること

イ　動物において、経皮ばく露による毒性影響を示す情報があること

ウ　動物において、経皮ばく露による体内動態情報があり、併せて職業ばく露限界値を用いたモデル計算等により経皮ばく露による毒性影響を示す情報があること

（ⅱ）国が公表するGHS分類の結果、経皮ばく露によりヒトまたは動物に発がん性（特に皮膚発がん）を示すことが知られている物質

（ⅲ）国が公表するGHS分類の結果がある化学物質のうち、濃度基準値等が設定されていないものであって、経皮ばく露による動物急性毒性試験により急性毒性（経皮）が区分1に分類されている物質

皮膚吸収性有害物質による障害は、通常、意識障害、各種臓器疾患、発がんなど全身影響である。

❸　混合物の裾切り値は、次のとおりである（パーセントは重量パーセント）。

（ⅰ）皮膚刺激性有害物質：1パーセント

（ⅱ）皮膚吸収性有害物質：1パーセント（国が公表するGHS分類の結果、生殖細胞変異原性区分1又は発がん性区分1に区分されているものは0.1パーセント、生殖毒性区分1に区分されているものは0.3パーセント）

なお、皮膚等障害化学物質の具体的なリストは、厚労省のホームページ（皮膚等障害化学物質（労働安全衛生規則第594条の2（令和6年4月1日施行））及び特別規則に基づく不浸透性の保護具等の使用義務物質リスト）に載っている。

（2）選択に当たっての留意事項

SDSを確認し、JIS Tが標準とする記載内容のうち、「8．ばく露防止及び保護措置」で「皮膚」「Skin」の記載のあるものは、皮膚に影響を与えたり、皮膚から吸収（ばく露）されて健康障害を起こしたりする可能性のある化学物質である。使用する化学物質に対して、劣化しにくく（耐劣化性）、透過しにくい（耐透過性）保護手袋を使用する必要がある。

法令に規定されている「不浸透性」とは、有害物等と直接接触することがないような性能を有することを指しており、JIS T 8116（化学防護手袋）で定義されている「透過」しないこと、および「浸透」しないことのどちらの要素も含んでいることである。

化学防護手袋の選択に当たっては、取扱説明書等に記載された試験化学物質に対する耐透過性クラスを参考として、作業で使用する化学物質の種類および当該化学物質の使用時間に応じた耐透過性を有し、作業性の良いものを選ぶことが必要である。

なお、JIS T 8116では、「透過」を「材料の表面に接触した化学物質が、吸収され、内部に分子レベルで拡散を起こし、裏面から離脱する現象」と定義しており、試験化学物質に対する平均標準破過点検出時間を指標として、耐透過性を、クラス1（平均標準破過点検出時間10分以上）からクラス6（平均標準破過点検出時間480分以上）の6つのクラスに区分している（表6-4参照）。

厚生労働省のホームページには「皮膚障害等防止用保護具の選定マニュアル」および個々の皮膚等障害化学物質等についての「耐透過性能一覧表」が載っている。

また、事業場で使用されている化学物質が取扱説明書等に記載されていないものである等の場合は、製造者等に事業場で使用されている化学物質の組成、作業内容、作業時間等を伝え、適切な化学防護手袋の選択に関する助言を得て選ぶことが望まれる。

表6-4　耐透過性の分類

クラス	平均標準破過点検出時間（分）
6	＞480
5	＞240
4	＞120
3	＞ 60
2	＞ 30
1	＞ 10

(3) 使用に当たっての留意事項

化学防護手袋の使用に当たっては、次の事項に留意すること。

・化学防護手袋を着用する前には、その都度、着用者に傷、穴あき、亀裂等の外観上の問題がないことを確認させるとともに、化学防護手袋の内側に空気を吹き込む等により、穴あきがないことを確認する。

・化学防護手袋は、当該化学防護手袋の取扱説明書等に掲載されている耐透過性クラス、その他の科学的根拠を参考として、作業に対して余裕のある使用可能時間をあらかじめ設定し、その設定時間を限度に化学防護手袋を使用させること。なお、化学防護手袋に付着した化学物質は透過が進行し続けるので、作業を中断しても使用可能時間は延長しないことに留意すること。また、乾燥、洗浄等を行っても化学防護手袋の内部に侵入している化学物質は除去できないため、使用可能時間を超えた化学防護手袋は再使用しない。

・強度の向上等の目的で、化学防護手袋とその他の手袋を二重装着した場合でも、化学防護手袋は使用可能時間の範囲で使用する。

・化学防護手袋を脱ぐときは、付着している化学物質が、身体に付着しないよう、できるだけ化学物質の付着面が内側になるように外し、取り扱った化学物質のSDS、法令等に従って適切に廃棄する。

(4) 化学防護手袋の保守管理上の留意事項

化学防護手袋は、有効かつ清潔に保持すること。また、その保守管理に当たっては製造者の取扱説明書等に従うほか、次の事項に留意すること。

・予備の化学防護手袋を常時備え付け、適時交換して使用できるようにする。

・化学防護手袋を保管する際は、次に留意すること。

ア　直射日光を避けること。

イ　高温多湿を避け、冷暗所に保管すること。

ウ　オゾンを発生する機器（モーター類、殺菌灯等）の近くに保管しないこと。

4 保護めがね等

化学物質・薬品を扱う実験や作業において、刺激性等のある薬品が目に入ると、失明等の重篤な障害が発生するおそれがある。保護めがね等には「ゴグル型」、「スペクタクル型」、「顔面保護具」等がある。

気体状物質は液体と気体にばく露されるおそれがあるのでゴグル型が望ましい。作業によってはスペクタクル型（めがねの脇からの侵入を防ぐサイドシールド付き）、顔面保護具（防災面）の使用も可能である。

いずれにしても、作業者の顔面に合うものを選ぶことが重要である。

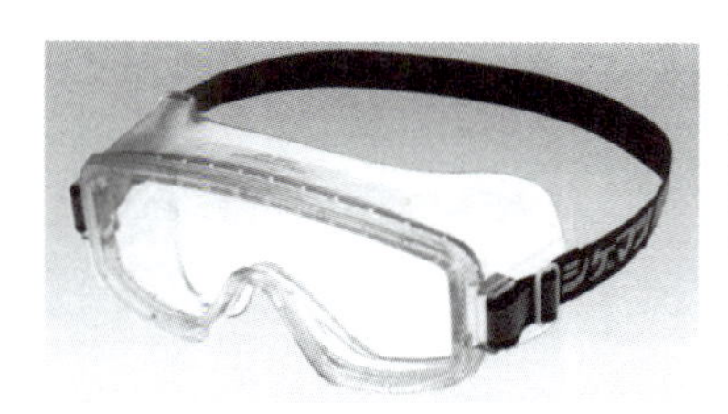

ゴグル型

スペクタクル型

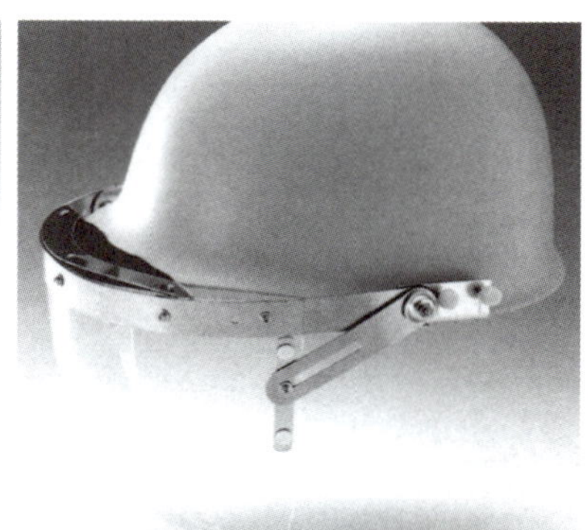

顔面保護具

5 その他

静電気を防止するため、帯電防止服・帯電防止靴等を着用する。服の擦れ等で静電気が帯電するおそれがあるため、特に揮発しやすい溶剤等を取り扱う場合は、帯電防止服や帯電防止靴を着用する必要がある。

また、有害性の高い物質、皮膚から吸収しやすい物質を扱う作業では、化学防護服（オーバーオール）を着用する。その際、化学物質の浸透性と浮遊状態を考慮して化学防護服を選ぶことと、取り扱う物質が透過しにくい素材で、作業に合うものを選ぶことが必要である。

第7章

労働災害が発生した場合の措置

- 通常発生しないことであっても、万が一の事態に備え、日頃から準備しておくことが必要
- 発生した場合の初期対応と再発防止対策が大切であるが、日頃からの訓練が重要

安衛則第12条の５第１項が示す化学物質管理者の職務の一つに「リスクアセスメント対象物を原因とする労働災害が発生した場合の対応に関すること」がある（同条第４号）。この中には実際に労働災害が発生した場合の対応のみならず、労働災害が発生した場合を想定した応急措置等の訓練の内容やその計画を策定することも含まれる。

化学物質による労働災害は、大きく分けて当該物質による「化学物質の危険性による火災・爆発」と「化学物質の有害性による健康障害」である。

化学物質の危険性による火災・爆発災害

火災・爆発による災害は、当該事業場内にとどまらず付近住民を巻き込んだ大災害となりかねないので細心の注意が必要である。その防止対策は的確なリスクアセスメントの実施とそのリスク低減措置により、**第３章**に述べた燃焼の３要素のうちの一つを除去することであるが、それでも不幸にして災害が発生した場合には、迅速かつ適切な対応が肝要である。

その対応は、まず、安全な場所に避難し、消防署や警察署に通報することが必要である。小規模な災害で自分自身の安全が確保されている場合には初期消火を試みることも可能であるが、無理な行動は避けるべきである。

また、事前に避難経路や避難場所を確認しておくことも重要である。事業場では、定期的に避難訓練を行い、緊急時に従業員が的確な対応ができるようにすることが求められる。さらに**第２章**で述べたSDSの記載事項でもある「５．火災時の措置」や「６．漏出時の措置」等については常日頃から十分留意しておく必要がある。

② 化学物質の有害性による健康障害

化学物質の健康障害に関わる災害のうち、応急措置が必要なケースとして次のものが考えられる。

応急措置が必要なケースの例

- 飲み込んで消化器に障害をもたらすおそれがある場合
- 吸い込んで呼吸器に障害をもたらすおそれがある場合
- 皮膚や粘膜に付着した場合に刺激性・腐食性がある場合
- 上記のばく露経路により体内に侵入後、急性期または亜急性期に全身中毒症状を呈する可能性がある場合

なお、化学物質による健康障害は、必ずしもばく露の直後に特徴的な症状を呈するとは限らず、ばく露後、数時間から時には数日後に発症する場合があることを念頭に置き、対応する必要がある。

まずは化学物質のばく露を過小評価せずに、ばく露部位の原因物質をできる限り速やかに除去したのち、SDS等の有害性情報等を参考に、当該化学物質により発生するおそれのある症状・所見を観察し、その変化が見られる場合やその可能性が懸念される場合には、速やかに医療機関での対応を図る必要がある。医療機関を受診する際には、必ず取り扱う化学物質等のSDSを医療機関に提示することを忘れてはならない。

化学物質による災害が発生したときにそれによる被害を最小限に抑えるよう努めることは当然であるが、使用する化学物質によって対処法が違うため、使用する化学物質ごとにSDSにより災害が発生したときの対処法を事前に確認し、その対処に必要なものを用意しておくことが重要である。

主な災害のケースとその対処法は、次のとおり。

化学物質による災害時の応急処置

①　皮膚に対する処置

- 速やかに大量の清潔な冷水で15分以上洗浄する。汚染された衣類や靴は速やかに脱がせる
- 皮膚の潰瘍の処置は皮膚科の医師による

②　眼に対する処置

- 素早く大量の水で洗う。特にアルカリは眼球を腐食するので、よく水洗いしてすぐに医者にかかる
- 洗眼には、噴出式の洗眼装置が良いが、ない場合は清潔な水をオーバーフローさせた洗面器に顔を反復して入れ、初めは眼を閉じたまま、その後は眼を水中で開閉して洗眼する。蛇口につないだゴム管からのゆるやかな流水を用いても良い。しかし、噴水が強いと顔に付いている酸等が眼に入ったり、腐食した皮膚をはぎとることになるので注意が必要である
- 中和剤は使用しない。洗眼が終わったら厚目のガーゼ湿布を当て、眼帯等で固定し、なるべく早く眼科医の処置を受ける

③　呼吸器に対する処置

- 患者を迅速に新鮮な空気中に移す。汚染衣服は取り除き、皮膚は洗浄し、保温・安静にする。重症の場合は、酸素吸入や人工呼吸が必要である。なるべく早く医師の処置を受ける
- 有毒ガスを吸引したときは、直ちに新鮮な空気中に移し、衣類をゆるめ、安静にさせる。必要があれば、人工呼吸等を行う。フォスゲン、亜硝酸ガス、ハロゲンの中毒に対しては、ガス吸入後に強い苦痛を訴えなくても必ず安静にさせ、すぐ医師に相談する

④　誤飲に対する処置

・大量の水を飲ませ、嘔吐させる。胃、食道の損傷は数分で死を招くので、処置は寸秒を争う。与える水は飲んだ薬品の約100倍の量が必要である
・保温・安静にし、ショックや呼吸麻痺に注意するとともに、医師の処置を受ける
・意識がない場合は肺への流入を防ぐために被災者を下図のようにする

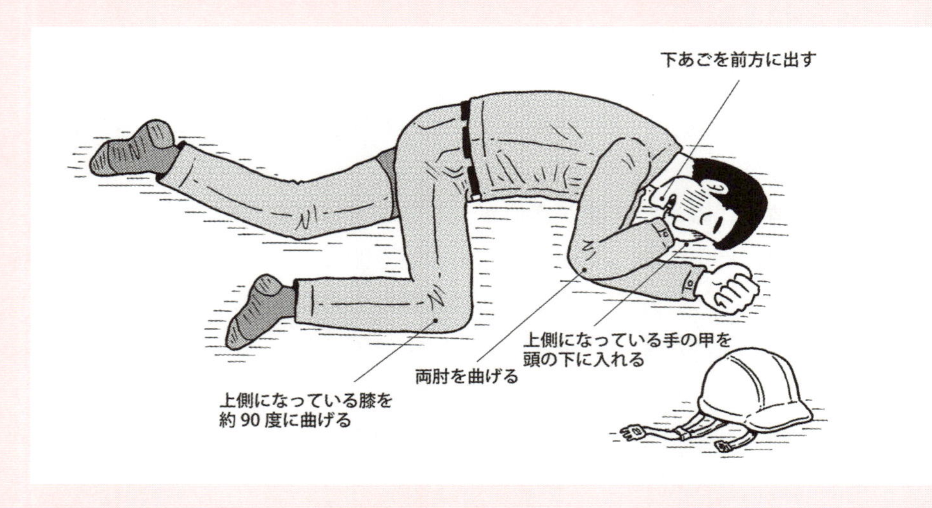

⑤　薬品をこぼしたときの処置

・誤って化学薬品類を机や床にこぼすことがある。このようなときのために酸を中和する炭酸水素ナトリウムやアルカリを中和する薄い酢酸（10%）、過マンガン酸等、酸化剤を還元するチオ硫酸ナトリウムは用意しておくほうが良い。薬品がこぼれたときは、すぐに拭き取る
・高濃度の酸や塩基をこぼしたときは、まず炭酸水素ナトリウムや酢酸を用いて中和し、大量の水で洗う（床が防水構造になっていない場合は配慮が必要である）
・毒物または劇物をこぼしたときは、保護手袋をして拭き取り、拭き取った雑巾を水槽の中で3回以上洗い、洗浄水はそれぞれの廃液タンクに入れる

第8章

記録の作成・周知・保存

- 記録の作成と保存は、化学物質管理者の基本
- 関係労働者の協力なしには化学物質の自律的管理はできない。関係労働者との情報の共有は必須

化学物質管理者の職務が定められた安衛則第12条の５第１項第６号に「第577条の２第11項の規定による記録の作成及び保存並びにその周知に関すること」と規定されている。

安衛則第577条の２第11項

事業者は、次に掲げる事項（第３号については、がん原性物質を製造し、又は取り扱う業務に従事する労働者に限る。）について、１年を超えない期間ごとに１回、定期に、記録を作成し、当該記録を３年間（第２号（リスクアセスメント対象物ががん原性物質である場合に限る。）及び第３号については、30年間）保存するとともに、第１号及び第４号の事項について、リスクアセスメント対象物を製造し、又は取り扱う業務に従事する労働者に周知させなければならない。

１　第１項、第２項及び第８項の規定により講じた措置の状況
２　リスクアセスメント対象物を製造し、又は取り扱う業務に従事する労働者のリスクアセスメント対象物のばく露の状況
３　労働者の氏名、従事した作業の概要及び当該作業に従事した期間並びにがん原性物質により著しく汚染される事態が生じたときはその概要及び事業者が講じた応急の措置の概要
４　前項の規定による関係労働者の意見の聴取状況

作成すべき記録について

❶ 安衛則第577条の２第11項第１号が示す措置の状況

・リスクアセスメント対象物に労働者がばく露される程度を最低限度にするために取った措置

・濃度基準物質に労働者がばく露される程度を当該基準値以下とするために取った措置

・リスクアセスメント対象物に係る健康診断結果に基づきリスクアセスメント対象物に係る労働者の作業場所の変更、作業の転換、労働時間の短縮等の措置を取った場合、作業環境測定の実施、施設または設備の設置または整備の措置を取った場合は、その概要

・リスクアセスメント対象物に係る管理が適正に行われており、これらの措置を取る必要がなかった場合は、その旨を記録すれば足りるものと考えられる

❷ 安衛則第577条の２第11項第２号が示す状況

・リスクアセスメント対象物を製造し、または取り扱う業務に従事する労働者のリスクアセスメント対象物のばく露の状況

・リスクアセスメント対象物に係る異常なばく露がなかった場合は、その旨を記録すれば足りると考えられる

❸ 安衛則第577条の２第11項第３号が示す応急の措置

・いわゆる「作業記録」であるが、がん原性物質に関わる製造または取り扱いの作業がある事業場に限られる

・がん原性物質に関わる作業に従事した労働者の氏名、従事した作業の概要および当該作業に従事した期間ならびにがん原性物質により著しく汚染される事態が生じたときはその概要および事業者が講じた応急の措置の概要

・「従事した作業の概要」については、取り扱う化学物質の種類を記載する、またはSDS等を添付して、取り扱う化学物質の種類がわかるように記録すること。また、出張等作業で作業場所が毎回変わるものの、いくつかの決まった製剤を使い分け、同じ作業に従事しているのであれば、出張等の都度の作業記録

を求めるものではなく、当該関連する作業を一つの作業とみなし、作業の概要と期間をまとめて記載することで差し支えないとされている。厚生労働省リーフレットに特別管理物質に関わる記録の記載例が載っている（表8-1参照）

・特別管理物質に関わる作業記録は1月を超えない期間ごとに行うものであるが、本号に基づく作業記録は1年を超えない期間ごとに1回、定期に行うことになっており、特別管理物質に関わる作業記録に準じて記録すれば良いと考えられる

・この場合も「がん原性物質により著しく汚染される事態がなかった場合」は、その旨記載すれば足りるものと考えられる

❹ 安衛則第577条の2第11項第4号が示す意見の聴取状況

・安衛則第577条の2第10項には「事業者は、第1項、第2項及び第8項の規定により講じた措置について、関係労働者の意見を聴くための機会を設けなければならない。」と規定されている。すなわち、上記❶の内容について労働者の意見を聴くこととなっている。労働者に意見を聴取した都度、その内容と労働者の意見の概要を記録すること

・なお、衛生委員会における調査審議と兼ねて行う場合は、これらの記録と兼ねて記録することで差し支えないこととされている

表8-1 がん原性物質に関わる作業記録の例

（事業場全体として）

労働者の氏名	従事した作業の概要	当該作業に従事した期間	特別管理物質により著しく汚染される事態の有無	著しく汚染される事態がある場合、その概要および事業者が講じた応急の措置の概要
○○○○	作業内容：金属部品の自動洗浄作業 作業時間：１日当たり○時間 取扱温度：25℃（洗浄槽内40℃） 洗浄剤の消費量：１日当たり○リットル 洗浄剤の成分：ジクロロメタン100％含有 換気状況：密閉設備 保護具：ゴム手袋、有機ガス用防毒マスク	○月○日～ ○月○日	有り ○月○日 午前○時○分頃	洗浄作業場で洗浄剤をタンクに補充中、左足に約2リットルかかる。水洗後に医師への受診
△△△△	作業内容：金属部品の手吹塗装作業 作業時間：１日当たり○時間 取扱温度：25℃ 塗料の消費量：１日当たり○リットル 塗料の成分：メチルイソブチルケトン10％含有 換気状況：局所排気装置（排気量○ m^3/分） 保護具：ゴム手袋、有機ガス用防毒マスク	○月○日～ ○月○日	なし	

（作業者別）

作業年月日	従事した作業の概要	特別管理物質により著しく汚染される事態の有無	著しく汚染される事態がある場合、その概要および事業者が講じた応急の措置の概要
○月○日	作業内容：金属部品の自動洗浄作業 作業時間：１日当たり○時間 取扱温度：25℃（洗浄槽内40℃） 洗浄剤の消費量：１日当たり○リットル 洗浄剤の成分：ジクロロメタン100％含有 換気状況：密閉設備 保護具：ゴム手袋、有機ガス用防毒マスク	有り ○月○日 午前○時○分頃	洗浄作業場で洗浄剤をタンクに補充中、左足に約2リットルかかる。水洗後に医師への受診
○月○日	同上	なし	
○月○日	同上	なし	
○月○日	作業内容：金属部品の手吹塗装作業 作業時間：１日当たり○時間 取扱温度：25℃ 塗料の消費量：１日当たり○リットル 塗料の成分：メチルイソブチルケトン10％含有 換気状況：局所排気装置（排気量○ m^3/分） 保護具：ゴム手袋、有機ガス用防毒マスク	なし	

保存すべき記録と保存期間

- **がん原性物質を製造し、または取り扱っている事業場**

  ➡ ❶〜❹について30年間保存

- **がん原性物質以外のリスクアセスメント対象物を製造し、または取り扱っている事業場**

  ➡ ❶・❷および❹について３年間保存

なお、厚生労働省で公表している「化学物質管理者講習テキスト」には、「化学物質管理者が行う記録・保存のための様式（例）」として、表8-2の様式が掲載されている。化学物質管理者は、この様式を参考にして、事業場の実情に合わせて必要に応じ適宜、加除修正して使うことができる。

表8-2　化学物質管理者が行う記録・保存のための様式（例）（安衛則第12条の5）

①事業場名：			②業種：		③代表者名：	
④化学物質管理者氏名：				⑤記録作成日：		
⑥事業場で作成・交付しなければならないラベル表示・SDSの数： （法第57条の2）＊本社等で一括して作成している場合を除く						
⑦リスクアセスメント対象物数：　（義務対象物質数：） （法第57条の3、法第28条の2）						
⑧リスクアセスメント対象物について収集したSDSの数：						
⑨リスクの見積り方法及び適用場所数又は対象者数						
作業環境測定	ばく露測定：	CREATE-SIMPLE		マニュアル準拠		その他：
⑩リスクの見積りの結果に基づき対策が求められた作業場所又は労働者数						
作業場所：		労働者数：				
⑪リスクの見積りの結果に基づきばく露低減のために検討した対策の種類及びその数：						
代替物；	密閉化；	換気・排気装置		作業改善	保護具；	その他
⑫リスクの見積りの結果に基づき爆発・火災防止のために検討した対策の種類及びその数						
代替物；	密閉化；	換気・排気装置	着火源除去；	作業改善；	保護具；	その他
⑬リスクの見積りの結果に基づき実施した対策の種類及びその数：						
代替物；	密閉化；	換気・排気装置	着火源除去；	作業改善；	保護具；	その他
⑭皮膚障害等化学物質への直接接触の防止：対象物質数：　対象労働者数： （安衛則第594条の2）						
⑮濃度基準値を超えたばく露を受けた労働者の有無：　有（人数；　　）　無 （安衛則第594条の2）						
取られた対策（措置）の種類：						
⑯労働者に対する取扱い物質の危険性・有害性等の周知：						
実施日；	人数：	実施日：	人数：	実施日：	人数	
⑰リスクアセスメントの方法、結果、対象等に関する労働者の教育：						
実施日；	人数：	実施日：	人数：	実施日：	人数	
⑱労働災害発生時対応マニュアルの有無：　有　　無						
⑲労働災害発生時対応を想定した訓練の実施：　有　　無						
⑳労災発生時等の労働基準監督署長による指示の有無　有（回数：　　）　無 （安衛則第34条の2の10）						
㉑備考						

3 リスクアセスメント結果の労働者への周知

リスクアセスメントを実施したら、以下の事項を労働者に周知する。

（1）周知事項

1. 対象物の名称
2. 対象業務の内容
3. リスクアセスメントの結果（特定した危険性または有害性、見積もったリスク）
4. 実施するリスク低減措置の内容

（2）周知の方法は以下のいずれかによる（SDSを労働者に周知する方法と同様）

1. 作業場に常時掲示、または備え付け
2. 書面を労働者に交付
3. 電子媒体で記録し、作業場に常時、確認可能な機器（パソコン端末等）を設置

（3）安衛法第59条第1項に基づく雇入れ時の教育と、同条第2項に基づく作業変更時の教育においても、上記の周知事項を含める

（4）リスクアセスメントの対象の業務が継続し、上記の労働者への周知等を行っている間は、それらの周知事項を記録し、保存しておく

第9章

安全衛生教育

- 労働災害の防止には、施設、機械、設備等ハードな面の対応が必要なことは言うまでもないが、すべての関係者の労働災害防止の意識向上が重要
- 関係者の意識向上のためには、教育以外にない
- 特に「化学」関係は取っ付きにくいという人が多い。身近な事例をもとにやさしく説明することが望まれる

「安全衛生教育」の目的は、「実際の作業場で事故・災害を起こさない」ことである。そのためには、作業者の各人が「頭」で「危険」を理解し、「体」で「安全を確保する行動をとる」ことができるようにする必要がある。要するに「頭」と「体」の両面で安全を確保することが不可欠である。

また、「安全衛生教育」は、「頭」を鍛える「教育」と、「体」で安全を覚え込ませる「訓練」の両面がある。この両面の「教育」と「訓練」を行うことにより、各人が得た知識を現場で活かし、かつ、安全な行動ができるようになり、安全衛生教育の目的を達成することができる。

災害発生の仕組み

労働災害は、「物の不安全な状態」と「人の不安全な行動」が接触したときに発生するといわれている（図9-1参照）。

図9-1　労働災害の発生の仕組み

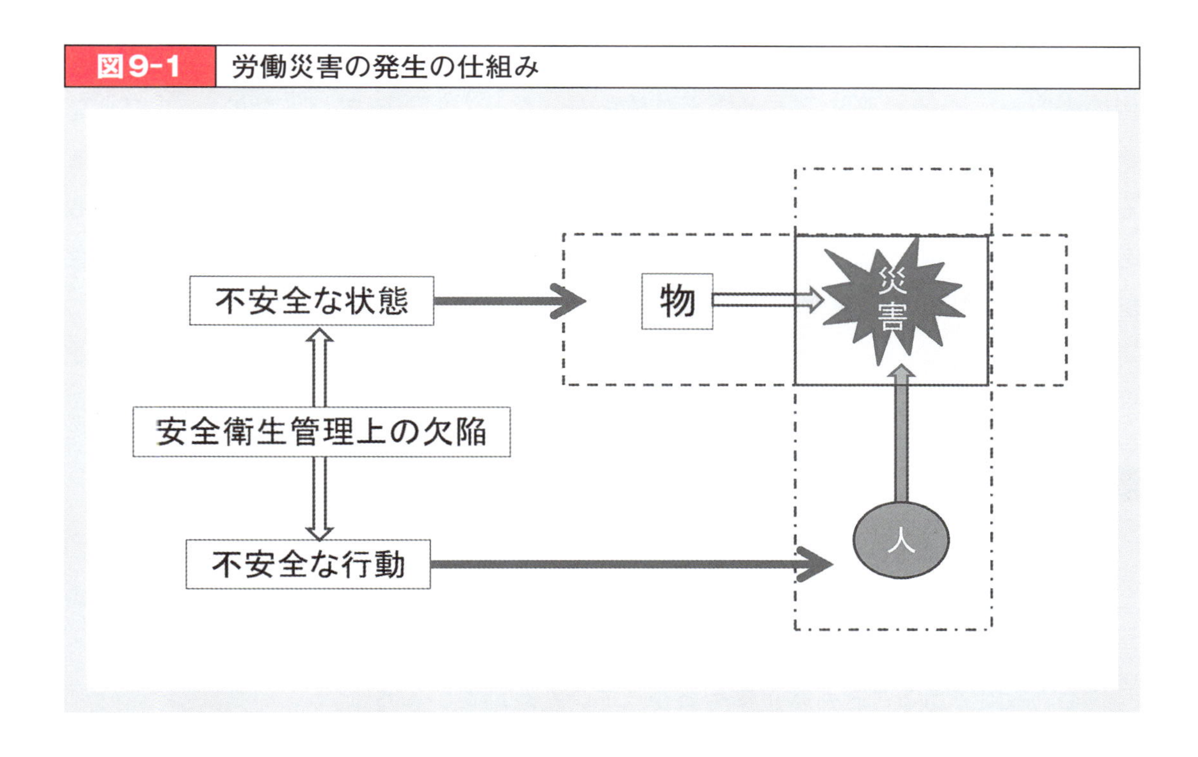

この場合の「物」は、機械設備や工具等のような物体だけでなく、ガス、蒸気、粉じん、電気、光線等、人に危害を与えるおそれのあるすべてのものをいい、「人」は、作業現場で働く人をいう。ここでは「物の不安全な状態」と「人の不安全な行動」と捉えられているが、多くの場合「物の不安全な状態」は人が作るのであって、いずれの状態も人が絡んでいることになる。

図9-1の通り、「物の不安全な状態」と「人の不安全な行動」が生じるのは「安全衛生管理上の欠陥」が原因といわれている。この「安全衛生管理上の欠陥」として取り上げられるもののうち最重点として**安全衛生教育**が挙げられよう。要するに安全衛生教育を充実させることによって、人（当該作業者）に「物の不安全な状態を作らせない」、「不安全な行動をとらせない」ようにすることが期待できる。

② 化学物質管理における安全衛生教育の重点

従来、化学物質管理における安全衛生教育は、どちらかというと知識を教え込む、いわゆる知識教育に偏っていた傾向にある。そのために異常事態が発生したとき、その対応が遅れて大災害になった例も報告されている。

化学物質管理に関わる安全衛生教育の基本は、ヒヤリ・ハット事例や過去の災害事例の内容をよく読み取り、まずは「知らなかった」ことが問題だったのか、「できなかった」ことが問題だったのか、または「やらなかった」ことが問題だったのか、あるいはいくつかの問題が重なり合っているのかをよく見極め、作業者の教育にあたる必要がある。その上で、事業場、あるいは自らの職場の弱点を踏まえて、適切な教育計画を立てて教育を実施する、あるいは日々の指導、指示を行うことが大切となる。

そこで、作業者が不安全行動をして災害に遭った場合の原因を分析すると、次の4つに大別できる。

不安全行動の原因

①　危険とは知らなかった
②　危険と知っていたが、防止できなかった
③　やる気がなかった
④　危険であることも防止策もわかっていたが勘違いした

このような状況に対しては、作業者に対し「知識教育」、「技能教育」及び「意識教育」が必要となり、さらにヒューマンエラーの防止を目的とした意識向上の面からの教育が求められる。

①は安全に関する知識教育の不足であるから「知識を付与するための教育」が必要である。まずは、作業に関係する人のすべてにラベルの記載内容程度の情報が確実に理解されるようにすることが必要であろう。ラベルの記載内容だけでは不十分であれば、化学物質管理者等の教育担当者がSDSから読み取った重要な事項をプラスして説明することが効果的である。

②は災害防止に関わる対処方針がわからなかったわけであるから、そのような事態から回避行動をとれるようにする「技能教育」が必要である。「できなかった」とい

うことをなくすためには、化学物質を装置、設備で取り扱う、あるいは手作業で取り扱う、いずれの場合においても必ず作業手順書をきちんと整えておくことが前提となり、作業手順書を手元において正しい設備の操作手順、日常点検の方法等を作業者に教育する必要がある。

また、化学物質が目、皮膚等に付着した場合の処置等について、１回の訓練（技能教育）で終わらせずに、継続して定期的に行っていく必要がある。

③は災害防止に対する意識の不足であるから、安全意識の向上のための「意識教育」（「態度教育」という場合もある）が必要である。作業者が自ら学び、自ら考え、主体的に判断し、行動し、よりよく問題を解決する資質や能力や他人とともに協調して作業にあたる意識を植え付けることが求められる。

④は知識、技能、態度（意識）には問題がなく、ヒューマンエラーが原因であることが多い。この部分は教育だけでは改善を図ることが難しいかもしれないが、ヒューマンエラーを少なくするためには、次が挙げられる。

ヒューマンエラーを減らす方法

① **人が間違えないように人を「訓練」する**
② **人が間違えにくい「仕組み・やり方」にする**
③ **人が間違えても「すぐ発見」できる仕組みにする**
④ **人が間違えても、その「影響を少なく」する**

化学物質管理者は、化学物質を取り扱う作業者に対する安全衛生教育を行う際には、このような観点からの教育を行う必要がある。

③ 化学物質管理者の職務としての安全衛生教育

化学物質管理者の職務は、**第1章の③**に述べたとおりであるが、それらの職務を自ら行うこともあり得るが、通常、自ら実施するよりも関係労働者によって行われることが多いため、その管理となろう。そのため関係労働者の教育が重要となる。

安衛則第12条の5第1項第7号に定められた「化学物質管理者の職務」としての教育は、同項第1号から第4号までの事項を管理するに当たっての関係労働者の教育となる。

化学物質管理における教育の要点

① **ラベルやSDSの正しい読み取り**

まずは「ラベル表示」、「安全データシート（SDS）」の正しい読み方である。リスクアセスメント対象物の容器・包装に貼付されているラベルや絵表示の意味をすべての作業者が理解できるようにすること。安全データシート（SDS）の理解は、化学物質管理者のみならず、保護具着用管理責任者に加え、できれば現場の職長やその他の管理監督者が内容を理解するように努めることが望まれる。

② **リスクアセスメント・リスク低減措置の実施**

①の結果、リスクアセスメントを的確に実施し、必要なリスク低減措置の検討ができるようにする。現場でリスクアセスメントを実施する者は、リスクアセスメント指針の内容を理解できる必要がある。

③ **災害時の対応**

労働災害が発生した場合の対応についての教育は、安全データシート（SDS）中の応急措置、火災時の措置、漏出時の措置、取扱いおよび保管上の注意等の項目の十分な理解が必要となる。

参　考

化学物質の自律的管理に関する法令のあらまし

令和4年5月31日に公布された化学物質の自律的管理に関する法令改正は、非常に複雑な規制に見えるが整理すると次の4点に集約される。

1．化学物質管理体系の見直し

安衛法第57条のラベル表示、第57条の2の通知対象物（SDS交付）および第57条の3のリスクアセスメント実施義務の対象が大幅に拡大され、事業者が取扱う化学物質の危険性・有害性に関する情報に基づいてリスクアセスメントを実施し、ばく露防止措置を自ら選択して実行・モニタリングする仕組の導入

2．化学物質の自律的管理のための実施体制の確立

化学物質の自律的管理を行うための体制として、事業場内の管理体制の整備を図るとともに、外部の専門家の位置付けの明確化

3．化学物質の危険性・有害性に関する情報の伝達の適正化

化学物質管理の基本となる化学物質の危険性・有害性に関する情報（SDS）の伝達の適正化

4．有機則、特化則等のいわゆる特別規則に基づく措置の柔軟化・強化

化学物質管理が良好な事業場については、特別規則の規定の一部免除または緩和がされる。一方、作業環境測定の結果が第三管理区分（作業環境管理が適切でないと判断される状態）となった事業場に対する措置を強化等

1．化学物質管理体系の見直し

1・1　ラベル表示・SDS等による通知の義務対象物質の増加

この制度の発足時（令和4年5月31日）には674であった通知対象物（ラベル表示・SDS交付・リスクアセスメント実施）の数は、順次追加され数年先には約2,900になることが予告されている。

なお、具体的な物質名は厚生労働省のホームページの「労働安全衛生法に基づくラベル表示・SDS交付等の義務対象物質一覧」に載っている。

1・2　労働者がリスクアセスメント対象物にばく露される程度の低減措置

リスクアセスメント対象物とは、安衛法第57条の3により当該物質を製造し、または取り扱う作業を行う事業者にリスクアセスメント実施の義務が課せられる物質で、安衛法第57条

の２の「通知対象物」と同じ範囲である。

なお、この規定を遵守できているか否かを確認するためには、労働者がリスクアセスメント対象物にばく露される量（濃度と時間）を把握しなければならないこととなる。コラムで「CREATE-SIMPLE」によるリスクアセスメントの手順を紹介したが、CREATE-SIMPLEによるリスクアセスメントでは、数理モデルから推定ばく露の濃度が得られる。

（1）労働者がリスクアセスメント対象物にばく露される程度を、次の方法により最小限度とすること。

① 代替物等の使用

② 発散源を密閉する設備、局所排気装置または全体換気装置の設置・稼働

③ 作業の方法の改善

④ 有効な呼吸用保護具の使用

このことを定めた安衛則第577条の２第１項では、上記①～④の措置が並列に並べられているが、「化学物質等による危険性又は有害性等の調査等に関する指針」に示されているリスク低減措置の順序に従って上位の措置から検討すべきであろう。

（2）リスクアセスメント対象物のうち、濃度基準値の定められた物質については、労働者がばく露される程度を、当該濃度基準値以下としなければならない。

濃度基準値は、令和５年４月27日公布の令和５年厚生労働省告示第177号（改正 令和６年厚生労働省告示第196号）に対象物質と基準値が指定されている。

なお、対象となる物質（濃度基準値設定物質）と当該物質の基準値は、厚生労働省のホームページの「労働安全衛生規則第577条の２第２項の規定に基づき厚生労働大臣が定める物及び厚生労働大臣が定める濃度の基準等（一覧）」に当該物質に係る確認測定をする場合の資料採取方法および分析方法とともに載っている。

図１　リスクアセスメント対象物に係る事業者の義務

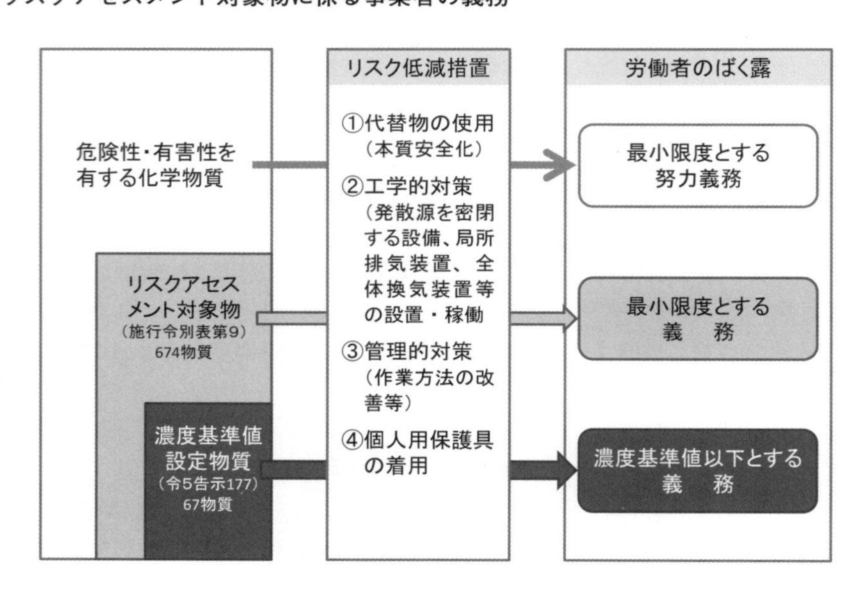

(3) リスクアセスメント対象物にばく露される程度を最小限度とするために取った措置の内容((1)の措置)および労働者のばく露の状況について、労働者の意見を聴く場を設け、その結果の記録を作成し3年間(がん原性物については30年間)保存する。

なお、がん原性物質は、令和4年12月26日に公布された厚生労働省告示第371号により示されており、該当する具体的な物質名は厚生労働省ホームページの「労働安全衛生規則第577条の2の規定に基づき作業記録等の30年間保存の対象となる化学物質の一覧」に載っている。

1・3　皮膚等の直接接触の防止

皮膚・眼刺激性、皮膚腐食性または皮膚から吸収され健康障害を引き起こしうる化学物質と当該物質を含有する製剤を製造し、または取り扱う業務に労働者を従事させる場合には、その物質の有害性に応じて、皮膚障害等防止用保護具を使用させること。

① 健康障害を起こすおそれのあることが明らかな物質
　→保護眼鏡、不浸透性の保護衣、保護手袋または履物等、適切な保護具を**使用する**。

② 健康障害を起こすおそれがないことが明らかなもの以外の物質
　→保護眼鏡、不浸透性の保護衣、保護手袋または履物等、適切な保護具を使用するよう**努力する**。

要するに、皮膚等の直接接触することによる障害が明らかにないとわかっているもの以外の健康障害を起こすか否かわからないものも含めてすべて対象となる。

1・4　衛生委員会の付議事項の追加

常時使用する労働者数が50人以上の事業場に設置される衛生に関する委員会の付議事項に「リスク低減措置等に関する事項」が追加された。すなわち同委員会において、リスクアセスメント対象物にばく露される程度を最小限度とするために取った措置の内容や労働者のばく露の状況について調査・審議を行うことになる。1・2の(3)の「労働者の意見を聴く場」は、この衛生委員会における調査・審議に変えることができる。

なお、衛生委員会の設置義務のない労働者数50人未満の事業場においても、安衛則第23条の2に基づき、上記の事項について関係労働者からの意見聴取の機会を設けなければならない。

1・5　がん等の遅発性疾病の把握の強化

1年以内に2人以上の労働者が同種のがんに罹患したことを把握した場合は、業務起因の可能性について、遅滞なく医師に意見を聴く。業務起因が疑われると医師が判断した場合、罹患した労働者の従事業務内容等を所轄都道府県労働局長に報告する。

1・6　リスクアセスメント結果等に係る記録の作成および保存

改正前の安衛則第34条の2の8では、リスクアセスメントを行った場合、その結果を労働者へ周知することとされていたが、今般の改正により労働者への周知に加え、記録の作成、保存の義務が新たに規定された。

保存期間は、次にリスクアセスメントを行うまでの期間か、リスクアセスメント実施後3年間のうち、いずれか長い期間とされている。なお、CREATE-SIMPLEで実施した場合は、その実施レポートを保存しておけば足りると考えられる。

1・7　労働災害発生事業場等への労働基準監督署長による指示

安全管理特別事業場制度等と同様に考えていただけたら良いだろう。

労働災害の発生またはそのおそれのある事業場について、労働基準監督署長が、その事業場で化学物質の管理が適切に行われていない疑いがあると判断した場合に当該事業場の事業者に対し、改善を指示することがあるという制度。改善の指示を受けた事業者は、化学物質管理専門家から、リスクアセスメントの結果に基づき講じた措置の有効性の確認と望ましい改善措置に関する助言を受けた上で、1か月以内に改善計画を作成し、労働基準監督署長に報告し、かつ、必要な改善措置を実施しなければならない。

1・8　リスクアセスメント対象物に関する事業者の義務（健康診断等）

（1）濃度基準値を超えてばく露したおそれがある場合

濃度基準値設定物質について、労働者が濃度基準値を超えてばく露したおそれがあるときは、速やかに医師による健康診断を行い、その結果に基づき必要な措置を講じる。

（2）事業者の判断により実施する場合

リスクアセスメント結果や労働者の意見等に基づき、リスクアセスメント対象物による健康影響の確認のため、事業者が必要があると認めるときは、医師が必要と認める項目についての健康診断を行い、その結果に基づき必要な措置を講じる。

（3）記録の保存

（1）および（2）の健康診断を実施した場合は、記録を作成し、5年間（がん原性物質は30年間）保存する。また、前述したとおり、1・2の（3）のリスクアセスメント対象物に関する作業記録も3年間（がん原性物質の作業記録は30年間）保存することとなっている。

2．化学物質の自律的管理のための実施体制の確立

2・1　化学物質管理者の選任

（1）リスクアセスメント対象物を製造、取扱い、または譲渡提供をする事業場は、業種・規模に関係なく化学物質管理者を選任しなければならない。

化学物質管理者は、次の（3）に述べる職務が遂行できる範囲に1人選任することとなるため、個々の作業現場ではなく、工場、店社、営業所等、事業場ごとに選任すれば足りることとなる。

（2）化学物質管理者の資格要件

リスクアセスメント対象物を**製造する事業場**の化学物質管理者は、法令に基づくカリキュラムに従った12時間の講習を修了した者でなくてはならない。

リスクアセスメント対象物を**取扱う事業場**の化学物質管理者は、法令上の資格要件は定められていないが、厚生労働省は、同省の定めたカリキュラムの6時間の講習を修了する

ことを推奨している。

（3）化学物質管理者の職務

化学物質管理者の職務は、次のとおりである。化学物質管理者は自らリスクアセスメントを実施することは要しないが、リスクアセスメントの実施を管理することになる。

① ラベル・SDS等の確認、化学物質に関わるリスクアセスメントの実施の管理
② リスクアセスメントの結果に基づくばく露防止措置の選択、実施の管理
③ 化学物質の自律的な管理に関わる各種記録の作成・保存
④ 化学物質の自律的な管理に関わる労働者への周知、教育
⑤ ラベル・SDSの作成（リスクアセスメント対象物の製造事業場の場合）
⑥ リスクアセスメント対象物による労働災害が発生した場合の対応

2・2　保護具着用管理責任者の選任

（1）対象となる事業場

1・2の(1)の措置として労働者に保護具を使用させる事業場は、保護具着用管理責任者を選任しなければならない。

（2）保護具着用管理責任者の資格要件

保護具着用管理責任者は、法令上の資格要件は定められておらず、前記2・1の(3)の化学物質の自律的な管理に関わる業務を適切に実施できる能力を有する者の中から選任することとされており、厚生労働省は、同省の定めたカリキュラムの6時間の講習を修了することを推奨している。

（3）保護具着用管理責任者の職務

保護具着用管理責任者の職務は、

① 保護具の適切な選択に関すること
② 労働者の保護具の適正な使用に関すること
③ 保護具の保守管理に関すること

等である。

2・3　その他

雇入れ時・作業内容変更時の教育の項目の拡大、職長等に対する教育の対象範囲の拡大に関する改正が行われているが、建設業に関しては従来から適用されているため変更はない。

3．化学物質の危険性・有害性に関する情報の伝達の適正化

3・1　SDS等による通知方法の柔軟化

従来、安衛法第57条の2のSDS等による通知方法は、原則として文書によって行うこととされており、相手方が承諾した場合に限りその他の方法（電磁ファイル等、相手方が承知した方法）によることが認められていた。

今般の改正により、譲渡提供をする相手方がその通知を容易に確認できる方法であれば、事前に相手方の承諾を得なくても紙以外の方法で提供できることとなった。化学物質のユーザーは注意して情報の確認をすることが必要となる。

3・2　化学物質を事業場内で別容器等に保管する際の措置の強化

使用する化学物質の情報を労働者に伝達するため、ラベル表示が義務付けられているものについて、

①　他の容器に移し替えて保管する場合

②　自らリスクアセスメント対象物を製造し、事業場内で容器に入れて保管する場合

には、内容物の名称とその危険性・有害性の情報を伝達しなければならないこととされた。

譲渡・提供されたラベルの貼付された化学物質を、小容器に小分けして当該ラベルの貼付されている場所以外の場所で使用する場合に、当該小容器にも所要の表示を要することとなる。

3・3　注文者が必要な措置を講じなければならない設備の範囲の拡大

従来、化学物質の製造・取扱設備の改造、修理、清掃等の仕事を外注する注文者が、請負人の労働者の労働災害を防止するため、

①　化学物質の危険性および有害性

②　作業において注意すべき事項

③　安全衛生確保措置

④　流出その他事故発生時の応急措置

等を記載した文書を交付しなければならないこととされた対象設備の範囲は、化学設備（危険物の製造・取扱い設備）と特定化学設備（第三類物質等＝特定化学物質の特定第二類物質と第三類物質）であった。

今般の改正によりリスクアセスメント対象物を製造・取扱いをする設備全般に拡大された。

3・4　その他

SDS等の「人体に及ぼす作用」の定期確認および更新、リスクアセスメントの実施に資するため、

①　SDSの通知事項に「想定される用途及び当該用途における使用上の注意」を追加すること

②　成分の含有量表示は原則重量パーセント表記とする等の改正が行われているが、これらの事項はSDS交付義務者（SDSの作成者）に係る事項である。SDSを利用する立場にある事業場では直接関係ない。

③　含有量の表示は、10パーセント刻みで表示されることがあるし、さらには非開示とされる場合もあるかもしれない（これも適法とされているようだ）。10パーセント刻みで表示されている場合でリスクアセスメントの実施にあたってさらに細かな含有量を知ることが必要なときは、SDSの交付者と秘密保持契約等を結んだうえで開示を求めることができる。また、非開示の場合でリスクアセスメント対象物を含んでいることが明らかなときは同様にSDSの交付者と秘密保持契約等を結んだうえで開示を求めることとなる。

4．有機則、特化則等のいわゆる特別規則に基づく措置の柔軟化・強化

4・1　化学物質管理の水準が一定以上の事業場の個別規制の適用除外

一定水準以上の化学物質管理を実施している事業場として所轄労働局長の認定を受けると、個別規制（特殊健康診断・呼吸器保護具に関する規制を除く）の適用が除外され、事業者の自律的な管理に委ねることが可能になる制度である。

この認定を受けるには、事業場内に化学物質管理専門家（労働衛生工学の労働衛生コンサルタント等）を置かなければならない等、かなりハードルも高いと思われる。

4・2　ばく露の程度が低い場合における健康診断の実施頻度の緩和

有機則、特化則（特別管理物質に関わる物は除く）、鉛則、四アルキル鉛則の特殊健康診断について、通常６月以内ごとに１回、定期に実施しなければならないこととされているが、**原則労働者ごとに判断し、次の条件をいずれも満たす場合には、１年以内ごとに１回、定期に実施すれば良いこととなる**。

① 当該労働者が作業する単位作業場所における直近３回の作業環境測定結果が第１管理区分に区分されていること（四アルキル鉛則を除く）
② 当該労働者の直近３回の健康診断において、新たな異常所見がないこと
③ 直近の健康診断実施日から、ばく露の程度に大きな影響を与えるような作業内容の変更がないこと

この規定は、労働者ごとに前記①～③の条件に合えば事業者の判断で特殊健康診断の実施頻度を緩和できるもので、該当する事例は多いと考えられる。

なお、労働者の健康に係る事項であるから産業医に相談の上、この緩和措置を取られることが望ましい。

4・3　作業環境測定結果が第３管理区分の事業場に対する措置の強化

作業環境測定の評価結果が第３管理区分に区分された場合には、当該作業場所の作業環境の改善の可否と、改善できる場合の改善方策について、外部の作業環境管理専門家の意見を聴いて所要の改善措置を取らなければならない。この規定は安衛法第65条第１項の作業環境測定の結果の評価に基づくものであるから、屋外作業が主体の建設業の現場ではあまり適用されないものと考えられる。

ご承知のように作業環境評価基準は、作業環境測定の結果を統計学的に推計した結果から管理区分を決定するものであり、同評価基準には推計値を得るための算定式が作業環境測定の１日測定の場合と２日測定の場合に分けて示されている。当然のことながら測定のデータが多くなれば、それだけ掛けられる安全係数が小さくなり、例えば１日測定では第３管理区分に区分される場合でも、２日測定では第１管理区分や第２管理区分に区分されることがある。

したがって、今般の第３管理区分となった場合の法令上のノルマを考えると、１日測定では第３管理区分となった場合には、２日測定を行うことにより、より実態に近い推計により管理区分を決めることの価値はある。

図２　第３管理区分となった場合の措置の概要

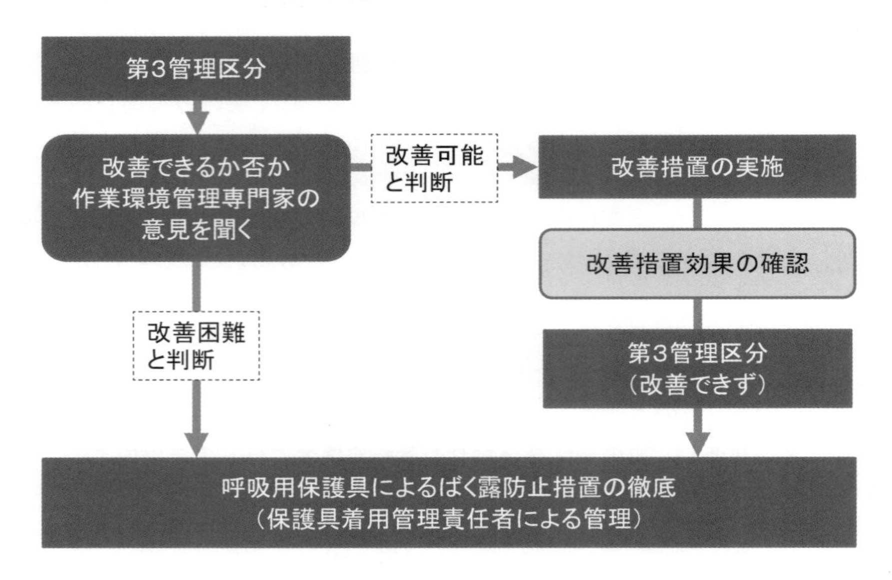

第３管理区分となった場合に取らなければならない措置は、次のとおりである。

① 作業環境管理専門家の意見を聴いた結果、当該場所の作業環境の改善が可能な場合、必要な改善措置を講じ、その効果を確認するための濃度測定を行い、改善措置の結果を評価する。

② 作業環境管理専門家が「改善困難と判断した場合」と「改善可能と判断した場合」でも、改善後の作業環境測定の評価結果が第３管理区分に区分された場合は、個人サンプリング測定等による化学物質の濃度測定を行い、その結果に応じて労働者に有効な呼吸用保護具を使用させること。その際、保護具着用管理責任者を選任し、呼吸用保護具が適切に装着されていることを確認すること。また、改善措置の内容と作業環境測定の評価結果を労働者に周知すること。

③ ②の措置を講じたときは、遅滞なくこの措置の内容を所轄労働基準監督署に届け出ること。

④ 作業環境測定の結果が第３管理区分と評価された場所の評価結果が改善するまでの間は、次の措置を取らなければならない。

・６か月以内ごとに１回、定期に、個人サンプリング測定等による化学物質の濃度測定を行い、その結果に応じて労働者に有効な呼吸用保護具を使用させること。

・１年以内ごとに１回、定期に、呼吸用保護具が適切に装着されていることを確認すること。

・その他、第３管理区分に区分されている間の応急的な措置として有効な呼吸用保護具を使用させることと、個人サンプリング測定等による測定結果、測定結果の評価結果を保存すること（粉じんは７年間、クロム酸等は30年間）。また、②と④で実施した呼吸用保護具の装着確認結果を３年間保存すること。

5．その他

以上、令和４年５月に公布された化学物質の自律的管理を目的とした厚生労働省令と、その後に公布された関係省令・告示等の法令による規定の概要を述べた。

しかしながら、この改正法令の規定を見る限り、「何が自律的管理か？　かえって規制強化ではないか？」と思われる方が多いと思う。確かに、現状では規制強化の色が濃いことは否めないと思う。

化学物質の自律的管理の法令改正の基礎となっている厚生労働省の「職場における化学物質等の管理のあり方に関する検討会」（通称：あり方委員会）の座長である城内博先生は著書（『こう変わる！「化学物質管理」法令遵守型から自律的な管理へ』（中央労働災害防止協会刊））において、

「今後、ラベル表示、SDS交付義務の対象となる物質数は増加し、これらの全てが同時にリスクアセスメント義務の対象となる。リスクアセスメントは取り扱い物質の危険性・有害性の調査、ばく露濃度の調査等（作業環境測定、個人ばく露測定、推定法等）により行うが、これらの方法は事業者が選択できる。また、リスクアセスメントに基づいたばく露防止対策も事業者が選択して実施できることになる。これにより、これまで限定された物質に偏重して費やしてきた経済資源を、事業者の優先順位に基づいて活用できるようになる」

と述べている。また、同あり方委員会では、５年を目途に現行の特別規則（有機則、特化則、鉛則等）は廃止して、すべて事業者の自律的管理に任せることが望ましいとも述べている。

確かに、化学物質管理のすべてが事業者の自律的管理に任されれば、城内先生が述べておられるように経済資源を事業者の優先順位に基づいて活用できるようになるだろう。そのためには、その第一歩である今般の法令改正が適法に実施され、近い将来、特別規則による個別具体的な規制に代わり、真に化学物質管理が事業者の自律的管理に任される日が来ることが望まれる。

厚生労働省のホームページに掲載されている次の文献の一部を引用又は参考にさせていただきました。

『化学物質管理者講習テキスト　第１版』
「化学物質による労働災害防止のための新たな規制（労働安全衛生規則等の一部を改正する省令（令和４年厚生労働省令第91号（令和４年５月31日公布））等の内容）に関するＱ＆Ａ」
「クリエイト・シンプルを用いた化学物質のリスクアセスメントマニュアル」

後藤博俊（ごとう ひろとし）

昭和41（1966）年、名古屋工業大学卒業
同年、労働省入省。その後、山口労働基準局監督課長、労働省中央労働衛生専門官、環境庁高層大気保全対策室長、労働省環境改善室長、岐阜労働基準局長、兵庫労働基準局長等を歴任、その間、ILO職業安全衛生担当アドバイザー、タイ王国労働社会福祉省顧問等の海外勤務のほか、「オゾン層を破壊する物質に関するモントリオール議定書」が採択されたUNEP（国連環境計画）の国際会議の日本国政府代表代理、「化学物質条約（第170条約）が採択されたILO（国際労働機関）第77回総会の日本国政府代表顧問（第170号条約担当）等、国際的にも活躍。
平成18（2006）年6月から平成22（2010）年5月まで（社）日本労働安全衛生コンサルタント会専務理事、理事退任のあと（一社）日本労働安全衛生コンサルタント会顧問。
ほかに平成11（1999）年4月から平成14（2002）年3月まで岐阜大学医学部非常勤講師、平成19（2007）年4月から平成24（2012）年3月まで帝京平成大学客員教授、平成20（2008）年4月から平成26（2014）年3月まで帝京大学客員教授。

改訂版　化学物質管理者の実務必携

令和5年12月20日　初版発行
令和6年10月2日　改訂版発行
令和7年4月24日　改訂版2刷発行

著者　後藤博俊
発行人　藤澤直明
発行所　労働調査会
〒170-0004 東京都豊島区北大塚2-4-5
TEL：03（3915）6401
FAX：03（3918）8618
https://www.chosakai.co.jp/

ISBN978-4-86788-055-5 C3043